Hubertus Kuhlmey
Wolf Thieme

Kostenfalle Hausbau

Pfusch vermeiden – Baukosten sparen

BLOTTNER VERLAG

Dieses Buch erscheint in der Reihe **„Bau-Rat:"**

Ein Titeldatensatz für dieses Werk ist erhältlich bei:
Deutsche Bibliothek, Frankfurt/Main

Hubertus Kuhlmey, Diplom-Ingenieur für Hochbau, führt seit 1992 in Brandenburg an der Havel ein Planungs-
büro für Gebäude- und Tragwerksplanung. Er hat über 250 verschiedene Projekte vom Einfamilienhaus bis
zur Kindertagesstätte geplant und betreut und ist seit 1996 im privaten und gerichtlichen Auftrag zertifizierter
Sachverständiger für Schäden an Gebäuden.

Wolf Thieme lebt als freier Autor in Berlin und Brandenburg. Er war Reporter beim „Stern" sowie Chefredak-
teur der Zeitschriften „Merian", „Playboy", „Der Feinschmecker" und „Das Magazin" und schrieb die Bücher
„Das Weinhaus Huth am Potsdamer Platz" (2002), „Berlin kocht auf" (2000), „Der gläserne Riese – RWE: Ein
Konzern wird transparent" (1998). 2003 hat er ein Eigenheim gebaut.

Bildnachweis: Dipl.-Ing. Hubertus Kuhlmey BDB
Herstellung: Digital & Printmedien R. Studt, Taunusstein
Korrekturen: Dr. Birgit Meseck-Thieme
Umschlaggestaltung: Britta Blottner
Umschlagfoto: Kastell, D-72519 Veringenstadt, www.kastell.de
Hinweis des Verlages: das auf dem Buchumschlag verwendete Bildmotiv stellt keinen Schadensfall dar.
Es soll lediglich die Vielfalt möglicher Schadensquellen beim Roh- und Ausbau eines Hauses andeuten.
Druck: fgb · Freiburger Graphische Betriebe, Freiburg im Breisgau

4. Auflage 2012
© 2012, Blottner Verlag GmbH, D-65232 Taunusstein
ISBN: 978-3-89367-107-2 / Printed in Germany

Kostenfalle Hausbau

Reihe: Bau-Rat

Die Kapitel

Einmal im Leben

Der erste Tag im eigenen Heim. Es riecht nach Farbe, und in der Diele stapeln sich die Umzugskartons. Unberührtes Terrain, alles neu. Freude und Stolz erfüllen den Bauherrn, auch wenn er aus dem Fenster noch auf Bauschutt blickt.

Zwei Jahre mit Höhen und Tiefen liegen hinter ihm. Der Papierkrieg um Grundstückskauf und Baugenehmigung, die Telefonate mit Ämtern und Behörden, die vielen Gespräche mit der Baufirma, die nur anfangs noch fröhlich verlaufen und dann immer härter wurden. Der Bauherr trat ein in die Bauphase, und das war ein ungleicher Kampf, Laie gegen Fachmann. Was weiß er schon von Bodendämmungen und Wärmebrücken, von Ringankern und Estrichschichten? Natürlich hat er das eine oder andere Buch gelesen und kann ein paar vermeintlich gescheite Fragen stellen.

Baufirmen im Allgemeinen und Handwerker im Besonderen sind auf den Besserwisser vorbereitet. Sie haben auf jede Frage eine Antwort, wenn auch nicht immer eine verbindliche. Und sie verfügen über einen reichen Erfahrungsschatz an Ausreden. Kein Mangel, der nicht erst einmal abgestritten wird: Es beginnt mit „Das kann nicht sein", „Nicht meine Schuld" oder „Das ist noch nie passiert" und reicht bis zu offenem Widerstand bei einer Mängelrüge: „Das ist innerhalb der Toleranzgrenze", „Nur bei Entschädigung für den zusätzlichen Aufwand."

Der Bauherr blickt auf den Schriftwechsel, der sich fast einen halben Meter hoch türmt, und weiß: Diesen Kleinkrieg gegen den Pfusch hätte er allein verloren. Denn Schäden am Bau sind nicht immer sichtbar. Sie verschwinden unter Putz und Gipskartonplatten, Risse melden sich oft erst später, und eindringende Feuchtigkeit kann aus der Sicht der Baufirma im Nachhinein alle möglichen Ursachen haben. Geld, das der Bauherr bereits gezahlt hat, ist erst einmal weg.

Aber wer möchte schon sein Lehrgeld abschreiben, und womöglich für immer, wo es doch möglich wäre, Pleiten und Pannen schon in der Bauphase zu verhindern? Niemand muss in die Kostenfalle rennen, wenn er sich an ein paar Regeln hält. Bis zu fünfzehn Firmen, vom Tiefbauer bis zum Fußbodenleger, arbeiten an einem Heim. Die Leistungen dieser Gewerke werden dem Bauherrn nach der Fertigstellung zur Abnahme angeboten – der entscheidende Moment.

Doch was soll er sagen? Ist der Beton genügend verdichtet und später ausreichend druckbelastbar? Ist das Bauwerk gegen von außen drückendes Wasser richtig abgedichtet? Entsprechen die verwendeten Ziegel den wärmetechnischen Anforderungen? Sind die Wände verzahnt oder stoßen sie stumpf aneinander? Wurde für die tragenden Hölzer des Dachstuhls trockenes oder viel zu feuchtes Holz verwendet? Sind die Heizungsrohre ummantelt, die Fliesen richtig verfugt?

Der Bauherr weiß: Bei diesen Fragen hätte er den kürzeren gezogen. Mit schlimmen Folgen: Pfusch am Bau, nicht rechtzeitig erkannt, kann teuer werden. Denn auch die Gewährleistung nützt nichts, wenn die Baufirma die Schuld bestreitet – das tut sie fast immer – und der Streit vor Gericht endet. Ein Roulette zwischen Sieg und Niederlage, oder häufiger: Es endet mit einem Vergleich.

Der Bauherr hat in diesem Fall ein mängelfreies Heim bezogen. Das verdankt er dem Bausachverständigen, den er bei Baubeginn verpflichtet hat. Ein Fachmann, dem niemand etwas vormacht. Der echte und vorgetäuschte Leistung voneinander unterscheiden kann und Tricks wie Versprechungen durchschaut. Der Bauherr blickt in den Ordner mit den Mängelprotokollen und weiß: Das alles hätte seinem Eigenheim widerfahren können. Ist es aber nicht.

Einmal im Leben ein Haus gebaut. So ist es meistens. Und was fängt man mit seinen Erfahrungen an? Man gibt sie weiter, zusammen mit dem Bausachverständigen, der seine Erfahrungen mit zahlreichen Baufirmen zusammengetragen hat. So wie in diesem Buch.

Hubertus Kuhlmey   *Wolf Thieme*

Bauherr, Planer, Baufirma

Mitten in die Realität der Bauarbeiten gestellt, merkt der Bauherr nun, dass mit Grundstückskauf und dem Papierkrieg von der Planung bis zur Baugenehmigung keineswegs das Gröbste überstanden ist. Denn nach Ämtern, Rechtsanwälten, Notaren und Maklern bekommt er es nun mit Fachleuten zu tun, die eine andere Sprache sprechen als er und sich einiges einfallen lassen werden, um an sein Geld zu kommen. Der Bauherr hat „1 Stück Haus bestellt" und betritt eine Bühne mit vielen Figuren. Er ist in diesem Spiel der Laie.

Wer macht noch mit?

Architekt und Bauingenieur: Sie sind als Bauplaner und Bauüberwacher im wahrsten Sinn des Wortes die Erfüllungsgehilfen des Bauherrn. Architekt und Bauingenieur können sich ihr Aufgabengebiet teilen, aber auch jeder für sich von der Planung bis zur Fertigstellung des Eigenheims ausschließlich tätig werden – der Prüfingenieur für Baustatik allerdings nur, wenn es die Bauordnung des jeweiligen Bundeslandes vorschreibt. Beide haben den Überblick, und mit ihrer Verpflichtung steht der Bauherr nicht mehr allein auf weiter Flur.

Er hat nun einen Fachmann oder gar zwei Fachleute zur Seite, die ihm auch bei schwierigen Entscheidungen – Kosten, Ausstattung – zur Seite stehen, beim Energie sparenden Bauen beraten und die Angebote von Baufirmen einholen, prüfen und bis zur Vertragsunterschrift begleiten. Ihre Sache ist auch die Suche nach den späteren Planungsbeteiligten, das Sichten der Angebote von Baufirmen und die Bemusterung der Ausstattung, die Koordination des Bauablaufs und die Kontrolle vollbrachter Bauleistungen bis hin zur Mängelbeseitigung. Schon vorher wird der Auftraggeber über Baunebenkosten und andere Kostenfallen informiert, die sich selbst in einem Festpreis verstecken.

Architekt oder Bauingenieur vergleichen die eingebauten Produkte mit der Planung, zum Beispiel die Lage der Bewehrungseisen, sie prüfen die Wandbaustoffe auf Wärmedämmeigenschaften, statische Belastbarkeit und Brandschutz oder ob die Fenster den technischen Erfordernissen entsprechen. Sie nehmen die geleistete Arbeit ab, bevor Pfusch unter Gipskartonplatten, Putz oder Fußbodenbelägen verschwindet und sorgen so für schadenfreies Bauen.

Weitere Planungsbeteiligte.

Der *Vermessungsingenieur* entwirft den Lageplan, steckt die Gebäudeecken ab und misst spätestens dann, wenn der Rohbau fertig gestellt ist, das Gebäude ein. Der *Baugrundfachmann* – s. auch Seite 15 – nimmt Sondierungsbohrungen am Standort des Eigenheims vor, schreibt ein Baugrundgutachten mit Angaben über Grundwasserstand und Versickerungsfähigkeit des Bodens, Baugrundbeschaffenheit und -tragfähigkeit. Diese Informationen benötigt der *Statiker,* um die Fundamente zu bemessen, und der Architekt, um die Abdichtung des Gebäudes gegen von außen eindringende Feuchtigkeit sicher zu stellen. Aus dem Entwurf des Architekten dimensioniert der Statiker die tragenden Bauteile vom Dach bis zu den Fundamenten. Er wird auch die bautechnischen Nachweise erstellen, zum Beispiel den Energiebedarfsausweis, den Brandschutz- und den Schallschutznachweis, der mindestens dann notwendig wird, wenn der Bauherr in seinem Eigenheim zwei getrennte Wohnungen einrichtet. Der *Prüfingenieur für Baustatik* prüft die Standsicherheit des Gebäudes, also die vom Statiker aufgestellten statischen Berechnungen und bautechnischen Nachweise, denn vier Augen sehen mehr als zwei. Die *Bauaufsichtsbehörde* führt – je nach dem Baurecht eines Bundeslandes – Rohbau- und Schlussabnahme durch. Der *Schornsteinfeger* nimmt den Schornsteinrohbau ab und ist für die Gebrauchsabnahme von Heizungsanlage, Abgasanlage und Schornstein zuständig.

Der Bauherr muss sich jetzt für Baufirmen oder einen Bauträger entscheiden. Die eingeholten Angebote mit Bauvertrag, Bau- und Leistungsbeschreibung und Kosten sollte er von Fachleuten prüfen lassen. Nur sie kennen die Kostenfallen (s. Seiten 16 u. 18) und Stolpersteine. Diese Aufgabe kann er seinem Architekten oder Bauingenieur übertragen. Der ermittelt die Materialmengen und stellt das Leistungsverzeichnis für die einzelnen Bauphasen, Gewerke genannt, zusammen.

Ist ein Architekt oder Bauüberwacher mit dem Bau beauftragt, wird er nach Eingang aller Angebote und Preisverhandlungen die kostengünstigsten Firmen vom Roh-, Tief- und Fensterbauer, Dachdecker, Elektro- und Sanitärinstallateuren, Estrich- und Bodenleger bis zum Maler verpflichten und die Bauabfolge mit allen Terminen festlegen. Natürlich kann sich der Bauherr auch frei schwebend, also ohne Architekt und Bauingenieur, für einen oder mehrere Bauunternehmer entscheiden, falls er sich der Aufgabe als selbst ernannter Bauüberwacher gewachsen fühlt. Aber wer ist das schon?

Ein bequemer Weg zum Eigenheim führt über den Bauträger. Der nimmt den Bauherrn fürsorglich in seine Arme und mit der Unterschrift unter einen Bauträger-, Hauserrichtungs- oder Hausbauvertrag alle Arbeit ab. Das heißt: Er besorgt Architekt, Statiker und verpflichtet Subunternehmer für alle – meist 15 bis 20 – Gewerke, falls er nicht selbst am Haus arbeitet.

Die Lektion aus der Kostenfalle Bauherr, Planer, Baufirma:

■ Die größte Kostenfalle ist der Bauherr selbst. Nur wenn er Architekt oder Bauüberwacher ist und schon Bauvorhaben geleitet hat, kann er sich gegen Baufirmen behaupten. Als Laie wird er einen saftigen Aufschlag auf die Baukosten zahlen oder mit unbemerkten Mängeln leben müssen – im schlimmsten Fall bis hin zur Unbewohnbarkeit des Eigenheims.

■ Architekten- und auch Ingenieurkammern in den jeweiligen Bundesländern haben ausführliche Handbücher, in denen Architekten und Ingenieure, auch Vermessungsingenieure, mit ihren Leistungen aufgeführt sind.

■ Bei unbekannten Baufirmen, willkürlich aus dem Branchenbuch gepickt, jongliert der Bauherr mit hohem Risiko. Kaum eine Firma wird eine solche Anfrage ablehnen und auf Wunsch auch Architekt oder Bauingenieur für die Bauunterlagen benennen können sowie Fachfirmen für Leistungen, die sie nicht selbst erbringt (z.B. Dach, Elektro- und Sanitärinstallation, Fliesenleger). Ein solches Bauvorhaben läuft nach dem Prinzip Einer gegen alle – siehe oben.

■ Viele Bauträger arbeiten ohne eigenes Baustellenpersonal und kaufen alle erforderlichen Gewerke ein, schaffen also in der Wertschöpfungskette gar keine Werte und sind im engeren Sinn nur Zwischenhändler. Den Gewinn erzielen sie mit der Differenz zwischen den vereinbarten Leistungen der Subunternehmer und dem Festpreis, der sich beim Bauherrn erzielen lässt. Der liegt bei 10 % und kann bis zu 20 % erreichen – siehe Beispiel Seite 19.

■ Bauträger bieten meist an, auch die Bauleitung mit durchzuführen. Das klingt verlockend, kann aber keine unabhängige Bauüberwachung ersetzen. Ein vom Bauträger eingesetzter und bezahlter Bauleiter wird sich bei Interessenskollisionen nie für den Bauherrn entscheiden und den eigenen Job riskieren.

■ Arbeitet der Bauherr mit einem Bauträger, ist es ratsam, sich der Hilfe unabhängiger Vereine oder Institute zu versichern (Verband Privater Bauherren, TÜV).

Termine

Der Umgang mit Handwerkern ist dem Bauherrn nicht neu. Er hat lange genug gute und schlechte Erfahrungen sammeln können, was Tugenden wie Pünktlichkeit, solide Arbeit, Ehrlichkeit, Disziplin und Ordnung anbetrifft. Nur fielen die meisten Ausrutscher zwar schmerzlich, aber nicht so kostenträchtig ins Gewicht, wie es bei einem Eigenheim der Fall sein kann.

Es geht also um Termine, Ausreden und die Folgen. Der Bauherr lernt, dass viele Handwerker Gedächtniskünstler sind. Sie schreiben sich nichts auf, keine Zahlen, keine Namen. Fahren mit einem „Alles klar!" vom Baugrundstück und haben vermutlich schon in diesem Moment das meiste vergessen.

Nichts ist also klar. Jede Firma, die Termine nicht als verbindlich verabredet betrachtet, sondern als Vorschlag, der stets und auch kurzfristig geändert oder ganz vergessen werden kann, bringt den Bauablauf in Gefahr.

Ein Beispiel: Der Estrichleger hat sein Erscheinen für „nächste Woche" zugesagt. Damit meint er selten den Montag, meistens den Freitag. Der Bauherr, unruhig, ruft am Montag an, im Betrieb nimmt – sehr beliebt – die Ehefrau, die Tochter, der Bruder, der Schwager oder ein Angestellter ab und weiß von nichts. Der Chef ist nicht da. Zurück kommt er „abends", sein Mobiltelefon ist abgeschaltet. Der versprochene Rückruf bleibt aus.

Zwei Tage Pause. Dann der Anruf. Der Bauherr darf nun aus der Abteilung „Ausreden" wählen: „Mir ist etwas dazwischen gekommen." Oder: „Ich habe mich im Datum geirrt." Oder: „Das habe ich verschwitzt." Oder was auch immer.

Die Folgen: In der Bauphase gibt es programmierte Bauabläufe. Ein Gewerk folgt dem anderen. Tiefbau, Hochbau, Dach, Fenster, Türen, Rohinstallationen von Heizung, Sanitär- und Elektroanlagen, Innenputz, Bodendämmung und – da ist er ja – der Estrichleger. Er ist nicht allein auf der Baustelle, wie er meint. Vor ihm waren andere da, hinter ihm warten Fliesenleger, Maler, Tapezierer, Treppenbauer und noch mal die Installateure von Heizung, Elektro- und Sanitäranlagen. Sie alle sind eingebettet in einen Zeitplan, den der Architekt oder die Bauüberwachung gemeinsam erarbeitet haben und der von den einzelnen Gewerken auf den Tag genau eingehalten werden muss.

Ein Handwerker, der hier nach dem Komm-ich-heut-nicht-komm-ich-morgen-Prinzip arbeitet, behindert die Bauabläufe. Denn nun sind nachfolgende Gewerke an ihre Zusagen nicht mehr gebunden, sie müssen seinetwegen ihre Termine ändern, können erst verspätet anfangen und müssen in der Zwischenzeit vielleicht andere Baustellen abarbeiten. In der Praxis zeigt sich, dass die Bauverzögerung auch den Bauherrn benachteiligt – späterer Einzugstermin verbunden mit Mietmehrkosten oder Baupfusch.

Der Bauherr ist also gut beraten, säumigen Firmen mit Hilfe eines Bauüberwachers auf die Sprünge zu helfen. Und da hilft nur eins: Dort ansetzen, wo es wehtut: beim Geld. Nichts anderes hilft.

Die Lektion aus der Kostenfalle Termine:

■ Kein Auftrag ohne Beginn- und Endtermin.

■ Termine (auch Mängelbeseitigungen) immer schriftlich (Einschreiben oder Fax) festhalten. Mündliche Zusagen, Versprechungen, Verabredungen sind nichts wert.

■ Für den Fall, dass die betreffende Firma den genannten Termin nicht einhält, wird am Tag des Fristablaufs schriftlich ein Nachtermin gesetzt. Einfache Form: Sie haben den gesetzten Termin nicht eingehalten und werden hiermit aufgefordert, Ihre Leistung bis zum (Nachtermin nennen) zu erbringen.

Bei Mängelrügen: Die beschriebenen Mängel sind bis zum (Datum) abzustellen. Verschärfte Form mit Nachsatz: Sollte Ihre Leistung bis zu diesem Termin nicht erbracht worden sein, gehe ich davon aus, dass die Leistung verweigert wird. Ich werde Ihre Leistung nach Verstreichen des Nachtermins verweigern, einen Mitbewerber beauftragen und Ihnen die Kosten der Mängelbeseitigung in Rechnung stellen.

Erwerbs- und Erschließungskosten

Der Bauherr hat den Makler für das Grundstück ausbezahlt und vom Notar den Bescheid erhalten, dass dem Eintrag ins Grundbuch nichts mehr im Weg stehe. Er überweist also den Kaufpreis an den Vorbesitzer und begleicht die Gebührenaufstellung des Notars (350 €).

Damit hat er zwar ein Grundstück erworben und kann darauf sein Eigenheim errichten, sobald die Baugenehmigung erteilt worden ist, aber bei diesen Erwerbskosten wird es nicht bleiben. Auch für den Nachschlag wird der Bauherr noch einmal tief in die Tasche greifen müssen. Strom, Heizung, Telefon, Wasser und Abwasser gibt es nicht umsonst, und der Bauplatz muss von Gestrüpp und Baumbewuchs befreit werden (1.000 €). Das geht nicht ohne Baumfällgenehmigung (40 €).

Noch während der Bauphase werden draußen Kabel gezogen und Leitungen gelegt. Ein Bagger hebt die Grube für den Gastank aus (700 €), die Stromfirma kassiert 1900 €, der Gaslieferant 900 € für den Anschluss, und der Wasserversorgungsverband ist mit 1.500 € zur Stelle. Da wirkt der Kostenbescheid des Katasteramts für die Übernahme von Vermessungsvorschriften in das Liegenschaftskataster (60 €) geradezu bescheiden.

Die Kleinkläranlage ist eingerichtet (4.800 €), und auch der Mann der Telekom war da (80 €). Der Bauherr tritt vor das für 130 € wohlversicherte, wenn auch noch nicht ganz fertige Wohngebäude. Er zieht Bilanz: Einschließlich Grundstückskauf und Maklergebühren also 33.000 € Erwerbs- und Erschließungskosten, und die Baunebenkosten – s. Seite 14 – noch nicht dabei. Solche vergessenen Summen haben schon manchen Finanzierungsplan ins Wanken gebracht.

Die Lektion aus der Kostenfalle Erwerbs- und Erschließungskosten:

■ Grundstückskauf ist Verhandlungssache. Die Bodenrichtwerte der zuständigen Katasterämter sind nur Anhaltspunkte. Der Käufer muss letztlich selbst entscheiden, was ihm Lage, Verkehrsanbindung zum Arbeitsplatz und die fehlende oder vorhandene Nähe zu Schulen, Ämtern und Geschäften wert sind.

■ Auf Maklerlyrik ist kein Verlass, aber Nachbarn, unbeteiligte Baufirmen, Architekten oder Bauingenieure mit Ortskenntnissen können wichtige Hinweise liefern. Bauträger, die ein komplettes Eigenheim mit Grundstück anbieten, verstecken in den Festpreisen ihre Erschließungskosten.

■ Notare haben ihre Gebührenordnung und Makler feste Sätze, die selten verhandelbar sind. Auch das Finanzamt ist mit 3,5 % Grunderwerbssteuer dabei.

■ Eine Baufeldfreimachung ist nicht erforderlich, wenn der Bauplatz nur spärlich bewachsen ist (Grasnarbe, wenige Sträucher). Hier kann der Bauherr zur Selbsthilfe greifen.

■ Bauen auf dem flachen Land geht meist nicht ohne Öl- oder Gastank ab. Tank im Keller oder draußen und wenn draußen, unterirdisch oder nicht? Dafür einen Bausachverständigen fragen und von verschiedenen Anbietern Kostenangebote einholen. Tankmiete kann auf Dauer teurer werden als Kauf.

■ Sammelgruben sind in Ortschaften ohne Kanalisationsnetz vorgeschrieben, Sickergruben nicht mehr zulässig. Angebote von Fachfirmen einholen. Die jeweilige Abwassersatzung der Gemeinde ist zu beachten.

■ Die Medienträger Strom, Gas, Wasser und Te-lekom berechnen ihre Kosten nach dem An-schlussaufwand. Diese sind nicht verhandelbar.

■ Architekt und Bauingenieur können ausrech-nen, was den Bauherrn an Erwerbs- und Er-schließungskosten erwartet.

Baunebenkosten

Das Grundstück ist gekauft, der Vertrag mit der Baufirma zum Festpreis unterschrieben und auch – leider, wie sich später herausstellen wird – die dazugehörige Bau- und Leistungsbeschrei-bung (s. Seite 18). Wie geht es weiter?

Der Bauherr weiß, dass er sich jetzt nicht zurück lehnen kann. Denn nun geht es um die so ge-nannten Baunebenkosten, die nicht ganz so ne-bensächlich sind, wie es sich anhört. Viele, viele Heinzelmännchen kommen und halten beide Hände auf, Ämter, Behörden und Planer voran.

Das „Ja" des Bauamts im Vorbescheid auf die Bauvoranfrage „Kann auf dem Grundstück ein Einfamilienhaus errichtet werden?" kostet schon mal 200 €, die Baugenehmigung selbst 800 €. Für wasserrechtliche Erlaubnis und Katastergebühren sind 200 € fällig, für die Planung der Kleinkläran-lage 900 €, für Haftpflicht- und Bauleistungsver-sicherung während der Bauphase 180 €.

Der Bauherrenverband hat für 400 € beim Ver-tragsabschluss beraten, der Vermessungsinge-nieur die Grundstücksgrenzen (800 €) ermittelt, das Gelände vermessen und einen amtlichen Lageplan (1200 €) erstellt, das Messergebnis im amtlichen Lageplan eingetragen (300 €) und die Gebäudeecken abgesteckt (600 €). Auch die zahl-reichen Kopien gibt es nicht zum Ladenpreis, sie kosten je nach Format 10-15 €, immer im Rah-men der heiligen Gebührenordnung. 200 € sind da schnell weg.

Der Bodengutachter fertigt ein Baugrundgutach-ten und entnimmt 18 Bodenproben, dem Preis nach (1.100 €) offenbar auf der Suche nach Gold und Uran. Hinzu kommt – nicht in allen Bundes-ländern üblich – der Nachweis für Kampfmittel-freiheit (70 €). Bleibt die Vorprüfung, wie in die-sem Fall, ergebnislos, muss der Kampfmittel-räumdienst nicht tätig werden. Sonst ginge es um Kosten von mehreren tausend Euro.

Noch liegt von seinem Traumhaus nicht mal die Bodenplatte, da ist der Bauherr schon knapp 7.000 € Baunebenkosten los. Und das Konto leert sich weiter: Der Rohbauunternehmer möchte für Wasserwagen und Bauwasser 400 €, der Wasserversorgungsverband fürs Standrohr 160 € und der Stromversorger 100 € für den Baustrom. Auch der Vermessungsingenieur ist noch einmal zur Stelle und kassiert 700 € für die Rohbaueinmessung, der Schornsteinfeger für Rohbau- und Gebrauchsabnahme 140 €. Macht 1.500 € in der zweiten Runde.

Die Dorfrandlage, ohne Kanalisation, wird ge-gen Ende der Bauarbeiten auch eine Kleinklär-anlage notwendig machen, aber schon im Vor-feld sind für Genehmigung, Lageplan und Pla-nung 1.100 € fällig.

Und schließlich hat sich der Bauherr, von innerer Unruhe getrieben, ob er als Laie der Baufirma und dem Bauleiter gewachsen ist, einen Sachverständigen als Baubegleiter geleistet: Der rechnet für seine Leistungen bis zur Fertigstellung des Eigenheims 5.500 € ab.

Der Bauherr zieht Bilanz: 15.000 €. Das ist mehr als gedacht.

Die Lektion aus der Kostenfalle Baunebenkosten:

■ Die gesamte Kostenschätzung für Baunebenkosten, aber auch Erwerbskosten, Gebühren, Baukosten des Gebäudes und der Außenanlagen erstellt der Architekt in der Vorplanungsphase. Bis zur Erteilung der Baugenehmigung kann er die Kostenberechnung mit genauen Mengenangaben (cbm Beton, cbm Mauerwerk) vorlegen. Ist die Ausführungsplanung hergestellt und sind die Angebote der Firmen eingeholt, kann der konkrete Kostenvoranschlag ermittelt werden.

■ Behörden, aber auch Anwaltskanzleien, Notare, Architekten und Ingenieure haben ihre Kosten- und Gebührenordnungen und der Schornsteinfeger seine festen Sätze. Diese Fixkosten sollte man, falls dies nicht vom Architekten oder Ingenieur übernommen wird, rechtzeitig erfragen und beim Hausbau mit einkalkulieren.

■ Vermessungsbüros berufen sich auf die Gebühren- und Kostenordnung für das Kataster- und Vermessungswesen im jeweiligen Bundesland. Jedoch sind je nach Nebenkosten zum Beispiel bei Anfahrt oder Stundenlohn unterschiedliche Kostenvoranschläge möglich. Sollten die Grundstücksgrenzen – zum Beispiel in Bebauungsplangebieten – bereits vermessen sein, entfallen die Kosten für den Vermessungsingenieur. Sie stecken dann in den Kosten für den Grundstückserwerb.

■ Die Kopien des Vermessungs- wie auch des Planungsingenieurs sind grundsätzlich urheberrechtlich geschützt und unterliegen der Gebührenordnung.

■ Baugrundgutachten können teuer werden, wenn der notwendige Untersuchungsumfang nicht vorher abgesprochen worden ist, sind aber in jedem Fall erforderlich, da sie dem Bauvorhaben das Baugrundrisiko nehmen. Der Bauherr sollte sich dazu von einem unabhängigen Architekten oder Ingenieur beraten lassen. Ein Satz wie „Die Beschaffenheit des Bodens wird durch die Baufirma im Rahmen der Erdarbeiten verbindlich eingeschätzt" im Bauvertrag ist ein Trugschluss, da der Bauherr bei einer eventuellen gerichtlichen Auseinandersetzung nicht unbedingt aus der Haftung entlassen ist. Vergleichsangebote anfordern. Nicht jedes und alles muss untersucht werden. Üblich sind drei Bohrkernsondierungen im Bereich der Bodenplatte. Diese geben genügend Aufschluss über Baugrund, Tragfähigkeit und Grundwasser. Baugrundgutachten geringem Umfangs kosten 700-800 € (s. Seite 23).

■ Eine Baustelleneinrichtung gehört zu den unvermeidbaren Baunebenkosten. Eine seriöse Baufirma weist den Kunden in der Bau- und Leistungsbeschreibung darauf hin, dass eine Baustelleneinrichtung erforderlich ist, die aus Bauwasser- und Baustromanschluss, den Verbrauchskosten sowie einem Baustellen-WC besteht.

Zahlungsplan und Skonto

Ohne Zahlungsplan kein Vertrag, klar. Aber bei der Höhe der Raten können böse Überraschungen lauern. Die Baufirma möchte den Lohn für ihre Arbeit so früh wie möglich, der Bauherr nicht mehr zahlen als nötig, also entsprechend der erbrachten Leistung. Darüber müssen sich die beiden vertraglich einigen, und da heißt es aufpassen.

Ein Zahlungsplan sieht bis zur Schlusszahlung Tranchen in unterschiedlicher Höhe vor. Bei den Zahlungen – in Prozent der Baukosten – kann es schnell zur Schieflage kommen.

Beispiel: Der Bauherr hat zehn Raten vereinbart. Nachdem der Architekt die Pläne angefertigt hat, zahlt der Bauherr den ersten Abschlag von 5 %, dann als 2. Abschlag nach erteilter Baugenehmigung 2.5 %. Sind auch die Erdarbeiten erledigt, Grundleitungen, Fundament und Bodenplatte fertig gestellt, werden weitere 20 % der Bausumme als 3. Abschlag fällig. Als nächstes folgen 12.5 % nach Erdgeschossmauerwerk und Decke, für die ein Subunternehmer des Bauträgers verantwortlich war. Mit dieser 4. Abschlagszahlung sind bereits 40 % der vereinbarten Gesamtsumme bezahlt. Vier Wochen nach dem Betonieren der Erdgeschossdecke rührt sich auf der Baustelle nichts mehr.

Der Bauherr ruft den Subunternehmer an und erfährt von der Firma, dass sie von ihrem Auftraggeber kein Geld bekommen und deshalb die Arbeiten am Haus eingestellt hat. Dem Bauherrn schwant nichts Gutes – und richtig: Die verantwortliche Baufirma ist nicht mehr auffindbar, das Büro geräumt. Für den Rohbau hat der Bauherr bereits 58.500 € ausgegeben.

Was nun? Der Bauherr geht zu einem anderen Architekten und lässt die Kosten der bisher fertig gestellten Arbeiten schätzen. Der ermittelt für den zur Hälfte fertigen Rohbau und die Planungsarbeiten 34.900 €, ein hinzu gezogener Bausachverständiger kommt auf 36.500 €. Der Bauherr hat pro Tranche mehr bezahlt, als die erbrachte Leistung wert war, das summiert sich auf 22.000 € über der tatsächlichen Bauleistung. Hat er keine Reserven auf dem Konto, kann das bitter werden. Ein falscher Zahlungsplan hat schon manchen Traum vom Eigenheim platzen lassen..

Wenn der Bauherr vertraglich vereinbarte Skonti wünscht, wird sich kaum eine Baufirma weigern. Schließlich profitiert sie durch beschleunigte Zahlungen. Und vier Prozent Skonto bei Baukosten von 150.000 € sind ja auch was – dachte sich der Bauherr. Das Skonto greift bei Zahlungen binnen acht Tagen, zehn Zahlungen sind insgesamt vereinbart. Den Rest überlässt der Bauherr seiner Hausbank, die den Hausbau mit einem Kredit finanziert hat. Sie erhält von ihm umgehend die um vier Prozent Skonto gekürzten Teilzahlungsrechnungen mit der Bitte um Begleichung. Alles erledigt? Nach Fertigstellung des Eigenheims, Abnahme und Schlussrate beansprucht die Baufirma noch 6.000 €. Der Bauherr fällt aus allen Wolken. Was ist schief gegangen? Die Baufirma hat die vereinbarten Raten erst zwölf, zum Teil sogar erst nach 14 Tagen erhalten. Der Bauherr hat nicht an die Banklaufzeiten gedacht und sich nicht mit seiner Hausbank abgesprochen. Die wiederum hat ihn auch nicht auf die Laufzeiten hingewiesen. Die Baufirma besteht auf der vertraglich fixierten Forderung, der Bauherr kann 6.000 € abschreiben. Das wäre die Einbauküche gewesen.

Die Lektion aus der Kostenfalle
Zahlungsplan und Skonto:

■ Bei Zahlungsplan nach BGB (Bürgerliches Gesetzbuch) Zug um Zug vorgehen. Ein moderater Zahlungsplan könnte in Anlehnung an die Makler- und Bauträgerverordnung so aussehen:

Nach Erteilen der Baugenehmigung	5 %
Nach Erdarbeiten, Grundleitungen und Fundament/Bodenplatte	6 %
Nach Fertigstellung der Erdgeschossdecke mit in einigen Bundesländern notwendiger Abnahme durch den Prüfingenieur	11 %
Nach Dachgeschossmauerwerk, Richten des Dachstuhls und eventuell notwendiger Abnahme durch den Prüfingenieur	13 %
Nach Fertigstellung der Dachdecker- und Dachklempnerarbeiten	7 %
Nach Fertigstellung der Fenster, Fenstertüren und Haustür mit Bauzeittürfüllung sowie Rohinstallation Heizung, Sanitär, Elektro	14 %
Nach Fertigstellung Trockenbau und Innenputzarbeiten	9 %
Nach Fertigstellung Bodendämmung/Estrich sowie der Außenwandbekleidung (Putz, Wärmedämmverbundsystem, usw.)	12 %
Nach Fertigstellung der Fliesenarbeiten und Treppenanlage innen	6 %
Nach Fertigstellung der Maler-, Tapezier- und Bodenbelagsarbeiten	8 %
Nach Montage der Objekte Sanitär, Heizung, Elektro	4 %
Nach Abnahme und Beseitigung der im Abnahmeprotokoll festgestellten Mängel und der in einigen Bundesländern notwendigen Abnahme durch Prüfingenieur und Bauaufsichtsbehörde	5 %
	100 %

■ Von jeder Tranche 5 % als Sicherheit bis zur mängelfreien Fertigstellung und förmlichen Abnahme einbehalten.

■ Eine Skontovereinbarung unter 12 Tagen Zahlungsfrist sollte gut überlegt und mit allen Beteiligten abgesprochen werden. Das knappe Zeitlimit schmilzt, wenn die Rechnungen der Baufirma noch vom Architekten geprüft und erst dann zur Auszahlung frei gegeben werden. Dann kommt zur Bank noch eine Postlaufzeit von zwei bis drei Tagen hinzu.

Mehr- und Minderpreisfalle

Der Bauherr hat tatsächlich geglaubt, dass der mit der Baufirma vereinbarte Festpreis fürs Eigenheim ein fester Preis ist. Außer den Erwerbskosten (s. Seite 13) und den Baunebenkosten (s. Seite 14) also keine weiteren Ausgaben vom Vertragsabschluss bis zu dem Tag, der in der Bau- und Leistungsbeschreibung des Vertrages so beschrieben ist: „Das Haus wird besenrein übergeben."

Wie das klingt! Der Bauherr hat die letzte Rate der Bausumme überwiesen, die Baufirma steht mit dem Schlüssel vorm Eigenheim, der Bauherr tritt ein, knipst das Licht an und macht die Tür hinter sich zu.

Ein Traum, und der Bauherr als Traumtänzer mittendrin. Schon mit der Bau- und Leistungsbeschreibung ist die Baufirma – hier als Bauträger – zur Hochform aufgelaufen. Im Text wimmelt es nicht nur von blumigen Formulierungen und Worthülsen, er steckt auch voller Fallstricke und Fußangeln und bedient den Laien mit Fachausdrücken, die ihm nicht geläufig sind.

Doppelt beplankte Schallschutzständerwände sind Leichtbautrennwände mit Gipskartonplatten, nur liest sich das nicht so schön. Und Marmorfensterbänke „aus Carrara oder gleichwertig" bedeutet: Der Marmor kann aus Carrara sein oder nicht – gleichwertig ist ein Gummibegriff, der sich nach Belieben dehnen lässt. Auch beim Nadelholz für die Dachkonstruktion legt sich die Baufirma nicht fest, es wird wohl eher Fichte oder Tanne sein als die teurere Kiefer.

Der erste dicke Brocken kommt mit der Elektroinstallation. Die Aufstellung der Baufirma verheißt eine üppige Ausstattung. Über eine Seite lang ist in der Bau- und Leistungsbeschreibung die Auflistung der Brennstellen, Schaltungen und Steckdosen. Doch in der Realität erweist sich die vermeintliche Fülle als knapp bemessen: Nur ein Schalter ist für die Diele in Erd- und Obergeschoss vorgesehen – ein Witz. Wer möchte schon aus Schlaf-, Wohn- oder Gästezimmer, aus Küche und Bad ins Dunkle treten, wo sind die Schalter für Wandlampen, Außen- und Treppenbeleuchtung? Der Bauherr muss 13 Schalter nachrüsten. So geht es nach und nach durchs ganze Haus, wenn auch nicht überall so krass wie in der Diele.

Die Bau- und Leistungsbeschreibung ist unterschrieben, der Elektroinstallateur notiert die Zusatzwünsche mit Freude. Zum ersten Mal hört der Bauherr das Wort „Mehrpreis", das ihn während der gesamten Bauphase begleiten wird. An die Satellitenantenne mit ihren Anschlüssen (730 €) hat er natürlich ebenso wenig gedacht wie an die Rollladenmotoren, mit denen die elektrisch betriebenen Rollladen im Erdgeschoss ausgerüstet werden müssen (310 €).

Mit den zusätzlichen Brennstellen, Steckdosen und Schaltungen kommt der Kostenvoranschlag auf 2.800 €, zu machen ist da nichts. Der Bauherr ist an die Firma gebunden, die sich der Bauträger ausgesucht hat, und die quetscht den Mehrwertträger Bauherr aus wie eine Zitrone.

Vergleichsangebote? Was hätte er vergleichen sollen? In der Bau- und Leistungsbeschreibung des Bauträgers ist nebulös von einer „hochwertigen Kunststoffhandbrause" die Rede und einem „eleganten WC-Spülbecken", begleitet von einem „formschönen" Waschbecken, immer ohne Angabe der Herstellerfirma. Der Bauherr hat dem Bauträger den Freibrief ausgestellt, das preiswerteste Produkt auszuwählen. Den Toilettensitz aus Weichplastik wechselt der Bauherr, kaum angebracht, wieder aus, natürlich gegen „Mehrpreis".

„Formschön" sind auch die Plattenheizkörper, der Kunststoffrahmen der Fenster ist „pflegeleicht". Die Innentüren sind „geschmackvoll" echtholz-furniert, die Türbeschläge „elegant". Also eine Röhrenspantür mit Dekofolie in Eiche-Optik und einem messingfarbenen Beschlag vom Baumarkt. Alles auch in besserer Qualität erhältlich – gegen „Mehrpreis", also noch pflegeleichter, geschmackvoller und eleganter.

Der Bauherr löhnt. 1.400 € fürs Bad, weil die Dusche keine komplette Dusche ist (s. Seite 127), 700 € für Geländerstäbe aus Holz statt Stahl und für eine Deckenrandverkleidung der Holztreppe, 200 € für zwei Türen mit zusätzlichen Lichtausschnitten, 800 € für sechs elektrisch betriebene Jalousien (ohne die Elektromotoren), 200 € für abschließbare Fenstergriffe.

Mit dem vorgegebenen Materialwert der Fliesen kommt er nicht weit, und im Obergeschoss soll nur 85 cm hoch gefliest werden, bis zum Beginn der Dachschräge. Auch das steht so im Vertrag.

Der Bauherr lässt Diele, Hauswirtschaftsraum, die Bäder und die Küche nach seinen Wünschen und zum Mehrpreis fliesen. Auch Bordüren und Sockelfliesen standen nicht in der Bau- und Leistungsbeschreibung. Der Kostenvoranschlag des Fliesenlegers hat es in sich: 3.400 €.

Es ist das Lehrgeld für den Kardinalfehler, einen Vertrag ohne vorherige Bemusterung unterschrieben zu haben: Türen, Fenster, Bodenbeläge, Fliesen und Sanitäreinrichtung blind dem Bauträger zu überlassen, anstatt die einzelnen Positionen und Produkte bei den Subunterneh-

men zu überprüfen und bei Missfallen oder schlechter Qualität in die Vertragsverhandlungen einzubringen – jahrelang wird sich der Bauherr über diese Dummheit ärgern, reingefallen auf den Trick mit den Mehr- und Minderpreisen.

Baufirmen, besonders Bauträger, beschäftigen Zweitfirmen, denen sie ihre Konditionen aufzwingen. Und das heißt immer: zum Schnäppchenpreis. Diese Subunternehmen lassen sich ausbeuten, weil sie darauf hoffen dürfen, den Zusatzgewinn über die Mehrausstattung beim Bauherrn reinzuholen.

Der zahlt immer drauf. Sogar bei Gutschriften. Denn der Bauträger wird ihn stets im unklaren darüber lassen, welchen Gewinn er beim Geschäft mit seinen Subunternehmern macht und mit welchem Aufschlag er deren Leistung an den Bauherrn weiterreicht.

Ein Beispiel: Der Subunternehmer bietet dem Bauträger den Einbau von sechs Dachfenstern für 700 € pro Fenster an. Der schlägt 100 € auf – sein Gewinn. Das Fenster kostet dem Bauherrn 800 €. Er möchte zwei Dachfenster weniger? Auch gut – es folgt eine Gutschrift von 700 € pro Fenster, denn seinen Gewinn möchte der Bauträger beim Minderpreis natürlich behalten. Der Bauherr möchte zwei Dachfenster mehr, als im Bauvertrag vereinbart sind? Gern – zum Mehrpreis von 900 € pro Stück. Im Schatten des Einzelpreises, den der Subunternehmer nie verraten und der Bauherr nie erfahren wird, lässt sich prächtig verdienen.

Die Lektion aus der Kostenfalle Mehr- und Minderpreis:

■ Vertrag sowie Bau- und Leistungsbeschreibung nur nach vorheriger Bemusterung unterschreiben. Nur so sind Angebote trotz identischer Leistungsbeschreibung miteinander vergleichbar und lassen sich verhandeln.

■ Die Ausstattung des Eigenheims konkret festlegen. Am Beispiel eines Waschbeckens heißt das: Größe, Länge, Breite, Farbe, Hersteller, Typ und Artikelnummer, bei der Einlaufgarnitur Hersteller, Typ und Artikelnummer sowie Angabe,

ob das Waschbecken mit Halb- oder Vollsäule oder ohne Verkleidung des Trapses (Ablaufgarnitur) montiert wird.

■ Prospektmaterial aushändigen lassen und schriftlich alle Ausstattungsmerkmale mit Bezug auf Prospekt des Herstellers inklusive Seitenzahl festhalten.

Wohnfläche

Solange der Vertrag nicht unterschrieben ist, ähnelt der Dialog zwischen Baufirma und Bauherrn einer Brautwerbung. Es geht, wir ahnen es, nicht um die Schönheit der Braut, sondern um ihre Mitgift, um Geld. Der Bauherr wird bei der Wohnfläche des angebotenen Eigenheims mit verlockenden Angeboten geködert. Viele Preiskalkulationen sind auf die Quadratmeterzahl der Wohnfläche abgestellt. Der Bauherr liest: „Nur 825 € pro qm Wohnfläche", und schon sinkt er hin.

Aber was ist gemeint? Raumwohnfläche, Nettofläche, Wohnfläche nach DIN 283 oder nach DIN 276? Der Bauherr, verwirrt, greift zum § 2 der Wohnflächenverordnung (WOFlV) vom 25. 11. 2003 oder zum § 42 der vormals gültigen Zweiten Berechnungsverordnung über wohnwirtschaftliche Berechnung, kurz II. BV (heute nur noch verbindlich für preisgebundenen und für bis 24.11.03 entstandenen Wohnraum), und erfährt: Die benannte Wohnfläche eines Eigenheims ist die Summe der anrechenbaren Grundflächen der Räume, die zur alleinigen und gemeinschaftlichen Benutzung durch die Bewohner bestimmt sind. Aha. der Bauherr macht sich kundig:

Hat der Bauträger also den Begriff Wohnfläche und die Größe zum Teil des Werbeversprechens gemacht und soll dies als zugesicherte Eigenschaft in den Vertrag einfließen, dann kann allein der § 3 der WOFlV zur Ermittlung der Wohnfläche herangezogen werden. Denn in anderen Verordnungen, Regelungen und Normungen ist der Begriff Wohnfläche nicht definiert.

So weit, so gut. Aber kann der Bauherr die Wohnfläche wirklich völlig ausschöpfen? Der Teufel steckt im Detail: Hat das Eigenheim ein Satteldach? Mindern Dachschrägen in den oberen Etagen die Wohnfläche? Auch größere Schornsteine, Pfeiler oder Wandvorlagen können die Raumgröße einschränken.

Der Bauherr lehnt sich erst einmal zurück: Ihm sind vom Bauträger 150 qm Wohnfläche als zugesicherte Eigenschaft versprochen worden, eine Bruttosumme von 900 € pro qm Wohnfläche ist vereinbart, macht nach Adam Riese 135.000 €. Das hat er schwarz auf weiß und getrost nach Hause getragen.

Aber auch er wird hinzulernen. Kaum ist das Haus bezugsfertig, macht sich der Bauherr an die Berechnung der Wohnfläche, vermisst die Räume seines Einfamilienhauses und kommt auf nur 138.52 qm Wohnfläche, was ihm mit einer kleinen Korrektur im Nachkommabereich auch der hinzugezogene Sachverständige bescheinigt.

Ärger steht ins Haus. Die zugesicherte Eigenschaft Wohnfläche ist um 11.48 qm unterschritten, 10.332 € sind zuviel bezahlt worden. Was ist passiert?

Der Bauträger, offenbar nicht genau mit dem Begriff Wohnfläche und der Grundflächenermittlung vertraut, hat – wissentlich oder unwissentlich – die Dachschrägen im Dachgeschoss und einige andere Details übersehen.

Grundflächen von Räumen werden aber nur bis zu einer Höhe von zwei Metern – das ist die gemessene lichte Höhe zwischen fertigem Fußboden und der fertig bekleideten Dachschräge – voll angerechnet.

Logisch, denn Höhen unter zwei Meter sind nur eingeschränkt nutzbar und werden deshalb auch nur zur Hälfte, Höhen bis zur lichten Höhe von einem Meter gar nicht angerechnet. So steht es im § 4 der WOFlV unter Anrechnung der Grundflächen.

Dort kann der Bauträger, zweiter Fehler, unter Absatz 4 auch nachlesen, dass zum Eigenheim (oder zur Wohnung) gehörende Loggien, Balkone und Terrassen zu einem Viertel, höchstens zur Hälfte ihrer Grundfläche anrechenbar sind.

Der Bauherr fasst zusammen und reklamiert: Die beiden Dachschrägen im Dachgeschoss mindern die Grundfläche um 8.48 qm, die Grundfläche des Balkons von 6 qm kann nur zur Hälfte angerechnet werden. Macht eine Wohnflächenminderung von 11.48 qm, wie schon errechnet. Der Bauträger muss nachgeben.

Die Lektion aus der Kostenfalle Wohnfläche:

■ Wird im Bauvertrag der Begriff Wohnfläche benutzt, sollte die Wohnflächengröße „nach Wohnflächenverordnung WOFlV vom 25.11.03" vereinbart werden, ganz gleich, ob sie als Preisgrundlage dient oder nicht. Nur dadurch lassen sich spätere Unstimmigkeiten vermeiden. Anstelle des Begriffs Wohnfläche können – zum Beispiel in der Normierung DIN 277 – auch andere geregelte Begriffe für die vertraglichen Regelungen zwischen Bauherr und Baufirma benutzt werden, um die gewünschten Flächengrößen des Eigenheims eindeutig zu beschreiben. DIN 277 regelt die Unterteilung nach Brutto-Grundfläche (die Grundflächen aller Etagen mit der äußersten Begrenzung des Gebäude in Länge und Breite), Konstruktions-Grundfläche (die Grundflächen, die Wände, Pfeiler und Stützen einnehmen – also alle aufstrebenden Bauteile im Gebäude) und Netto-Grundfläche (die tatsächlich nutzbare Fläche, die übrig bleibt, wenn die Konstruktions-Grundfläche von der Brutto-Grundfläche abgezogen wird). Die Netto-Grundfläche umfasst Nutzflächen wie Wohn- und Schlafräume, Wohndielen, Wohnküchen, Kinder- und Gästezimmer, Balkone, Wintergärten, Terrassen, Loggien, Bäder und WC, Funktionsflächen wie Räume, die zur Betreibung des Gebäudes notwendig sind, z.B. Hausanschluss- und Installationsräume oder Räume zur Lagerung von Brennstoffen, sowie Verkehrsflächen wie Treppenräume, Treppenläufe, Flure, Dielen, Korridore, Windfänge, Flucht- und Rettungsbalkone. Vertraglich sollte dann vereinbart werden: Wohnfläche nach § 2 WOFlV.

■ Wohnflächen der einzelnen Räume im Bauplan noch vor der Vertragsunterzeichnung überprüfen und auf Dachschrägen, Loggien, Balkone, Terrassen und Dachgärten achten.

■ Unbeheizte Wintergärten, Schwimmbäder und ähnliche nach allen Seiten geschlossene Räume sind zur Hälfte der Grundfläche anrechenbar (Abs. 3, § 4 WOFlV).

■ Keller, Waschküchen, Boden-, Trocken-, Heizungsräume und Garagen gehören nicht zur Wohnfläche und sind nach § 2 Abs. 3 WoFlV ebenso wenig mitzurechnen wie Abstell- und Kellerersatzräume außerhalb des Eigenheims, Geschäftsräume, oder Räume, die nicht den nach ihrer Nutzung zu stellenden Anforderungen des Bauordnungsrechts der Länder genügen (zum Beispiel: Ein Partyraum im Keller, der so tief im Erdreich liegt, dass eine entsprechende Fenstergröße zur natürlichen Belichtung und Belüftung des Raumes nicht möglich ist und somit den in der Bauordnung gestellten Anforderungen als Aufenthaltsraum nicht genügt).

■ Bei der Berechnung der Wohnfläche nach Fertigstellung des Eigenheims ist von Fertigmaßen (lichte Maße zwischen den Wänden) auszugehen. Das heißt: die Wände sind geputzt, Decken und Dachschrägen bekleidet, die Fußböden eingebaut.

■ Ist die Grundfläche nach den Fertigmaßen ermittelt, können lt. § 3 Abs. 3 WOFlV folgende Grundflächen abgezogen werden: a Schornsteine, Vormauerungen, freistehende Pfeiler und Säulen, wenn sie eine Höhe von mehr als 1.50 m aufweisen und ihre Grundfläche mehr als 0.1 qm beträgt (beispielsweise bei einem Pfeiler von 36.5 x 36.5 cm); b Treppen mit über 3 Steigungen und deren Treppenabsätze; c Türnischen sowie Fenster- und offene Wandnischen, die nicht bis zum Fußboden reichen und 13 cm oder weniger tief sind.

Baugrund

Der Bauherr möchte festen Boden unter den Füßen, und das gilt auch für sein Haus. Denn der Baugrund muss alle Lasten des Hauses aufnehmen – Grund genug zu besonderer Sorgfalt. Bloßer Augenschein durch den Laien – „Sieht doch gut aus" – nützt hier nichts. Der Fachmann ist gefragt. Ein Baugrundsachverständiger entnimmt durch Bohrung und Sondierung Bodenproben und ermittelt mit den so genannten Erdstoffkennwerten die Tragfähigkeit des Baugrundes. Die Ergebnisse sind für den Statiker wichtig. Er wird, wenn er sich seiner Verantwortung bewusst ist, den Bauherrn nach einem Baugrundgutachten fragen (s. auch Seiten 14-15).

Trotzdem kann hier einiges schief gehen. Ein Fall aus der Praxis: Der Bauherr verweist auf den Bauträger, der über ein solches Gutachten verfügt. Alles klar also? Auf dem Baufeld sollen 44 Eigenheime errichtet werden, ein Gutachten wurde nur für das gesamte Baufeld erstellt. Die Sondierungsbohrung hatte, Pech gehabt, nicht auf dem Grundstück des Bauherrn stattgefunden. Der Bauträger denkt kostenbewusst: das Gutachten muss für alle 44 Grundstücke reichen. Dass in der Praxis der Baugrund alle 100 m auch mal anders aussehen kann, wird ignoriert. Und so kommt, was kommen musste: Beim Beginn der Erdarbeiten wird zum Entsetzen des Bauherrn auf einer Fläche von 80 qm ein nicht tragfähiger Baugrund festgestellt. Der Boden muss bis in eine Tiefe von 1.75 m ausgetauscht, die Fundamente neu dimensioniert und die statistische Berechnung noch einmal gründlich überarbeitet werden.

Was nun? Der Bauvertrag ist unterschrieben, der Architekt des Bauträgers hat die Notwendigkeit eines speziellen Baugrundgutachtens nicht erwähnt und der Bauherr auf eine eigene begleitende Bauüberwachung verzichtet. Dumm gelaufen für den Bauherrn, der 6.500 € Mehrkosten drauflegen darf, da die Baufirma mit der sofortigen Einstellung der Bauarbeiten droht.

Die Lektion aus der Kostenfalle Baugund:

■ Nie ohne eigenes Baugrundgutachten auf die Tragfähigkeit des Baugrundes vertrauen, ganz gleich, ob mit Bauträger, Architekt oder Bauunternehmer gebaut wird. Es kostet zwischen 600 und 1.200 €. Bei eingeschränkt tragfähigem Grund können für eine bessere Lastabtragung Bodenschichten im oberen Bereich ausgetauscht werden.

■ Erst mit zuverlässigen Werten über die Tragfähigkeit des Grundes kann der Statiker die Streifenfundamente oder Dicke und Bewehrungsanteil der Fundamentplatte dimensionieren. Je weniger tragfähig der Baugrund und je höher die Last des Hauses, um so breiter die Streifenfundamente bzw. dicker und mit mehr Bewehrungseisen die Fundamentplatte.

■ Bei eingeschränkt tragfähigem Baugrund wird der Baugrundsachverständige eine Lösung anbieten, zum Beispiel einen Bodenaustausch oder ein Gründungspolster aus Recyclinggemisch.

Grundwasser in Fundament und Keller

Kein Bauherr möchte auf seinem Grundstück nasse Füße bekommen, und schon gar nicht im Keller des geplanten Hauses. Nur ein Bruder Leichtfuss wird sich bei der Bauplanung nicht rechtzeitig um einen Baugrundsachverständigen kümmern. In dessen Baugrundgutachten steht neben dem aktuellen Grundwasserstand auch, mit welchem höchsten Grundwasserstand der Bauherr auf seinem Grundstück rechnen muss, ebenso die Angaben über die Durchlässigkeit der Bodenschichten. Sie geben Auskunft über die Versickerungsfähigkeit des Niederschlagwassers. Ohne diese Angaben kommt kein Planer, Architekt oder Statiker aus.

Aber auch der Bauherr kann hier in die Kostenfalle rennen: Unterkellerung ja oder nein? Liegt schon der normale Grundwasserstand im Kellerbereich an der Unterkante der Gründungssohle oder steht es bereits über, wird eine Grundwasserabsenkung erforderlich.

Da geht es leicht um Beträge von 6.000 bis 10.000 €. Mittels mehrerer Saugbrunnen und einer Pumpenanlage wird der Grundwasserspiegel abgesenkt, bis die Gründungssohle frei von Wasser ist. Da sich der Grundwasserspiegel trichterförmig zu den Saugbrunnen hin absenkt und deshalb nicht gleichmäßig auf die geometrische Grundfläche des Hauses absenken lässt, muss die gesamte Absenkungsfläche wesentlich größer ausfallen. Daher können auch benachbarte Gebäude betroffen sein. Hier ist eine schadenfreie Lösung durch Planer und Bausachverständigen gefragt. Außerdem muss ein genehmigungspflichtiger Antrag bei der Unteren Wasserbehörde eingereicht werden.

Erst wenn der Grundwasserspiegel gesenkt worden ist, kann das Fundament gelegt, der Keller gebaut und die Kellerdecke verlegt werden. Jetzt sind die Bauabdichtungsmaßnahmen dran, und der Bauherr fragt sich: Wann genau kann die

Erst wenn Keller und Kellerdecke fertig sind, hat das Haus genügend Last, um nicht aufzuschwimmen, und die Grundwasserabsenkung kann abgestellt werden

Grundwasserabsenkung – eine weitere Kosten-falle – wieder abgestellt werden? Gute Frage.

Die Beantwortung ist von folgenden Faktoren abhängig:
Wie hoch kann das Grundwasser steigen?
Wie tief befindet sich das Haus dann im Wasser?
Hat das Haus bis dahin genügend Last, um nicht aufzuschwimmen?

Der Bauherr ist ratlos. Er baut doch ein Haus und kein Schiff! Aber die Ähnlichkeiten sind nicht nur rein zufällig. Ein Haus – in diesem Fall der rohbaufertige Keller – verhält sich im Grundwasser wie ein schwimmender hohler Körper. Den Auftrieb kann man spüren, wenn man eine wasserdichte Kunststoffbox ins Wasser drückt. Jedes Gewicht in der Box lässt sie tiefer im Wasser liegen – das heißt: Je mehr Last der Rohbau aufweist, umso weniger kann er auf-schwimmen, auch dann, wenn die Grundwasser-absenkung abgestellt worden ist und das Wasser wieder steigt.

Planer und Bausachverständiger müssen also die Last ermitteln, die dem Auftrieb entgegenwirkt, und sie werden das nicht ohne Sicherheitsauf-schlag tun. Last sind alle Fundamente, Wände und Decken zum Zeitpunkt ihrer Fertigstellung. Dies kann bereits nach Herstellung der Keller-decke und des dazu gehörenden Ringankers – s. Seite 38 – der Fall sein.

Noch einmal: Hier geht es nicht um Peanuts. Ein aufschwimmender Baukörper kann sich schief stellen, da jeder Grundwasserspiegel Schwan-kungen unterliegt, sich also hebt oder senkt. Der Schaden durch zu frühes Abstellen der Grund-wassersenkung ist der größtmöglich anzuneh-mende Unfall (GAU): Ein Totalverlust des Roh-baus droht.

Die Lektion aus der Kostenfalle Grundwasser:

■ Frühzeitig Baugrundgutachten vom Bau-grundsachverständigen erstellen lassen.

■ Erst nach Feststellung der möglichen Grund-wasserhöchststände entscheiden: Unterkellerung ja oder nein?

■ Durch Fachleute die Last ermitteln lassen, die den Rohbau nach Beendigung der Grundwasser-absenkung im Grundwasser am Aufschwimmen hindert.

■ Entweder eine so genannte weiße Wanne pla-nen lassen, mit der wasserundurchlässiger Beton zusammen mit der erforderlichen Rissbeweh-rung verhindert, dass eindringendes Wasser den Rohbau schädigen kann (wasserundurchlässiger Beton heißt, dass Wasser zwar oberflächlich in den Beton eindringen kann, aber nicht die Lage des Bewehrungsstahls erreicht oder etwa durch Kellerfußboden oder -wände dringt). Oder das Eindringen des Wassers anstelle der Wanne mit Bauwerksabdichtungen aus mehrlagigen Dich-tungsbahnen abwenden.

Erdaushub

Der Bauherr hat den Hauserrichtungsvertrag seines Bauträgers ohne nennenswerte Einsprüche oder Korrekturen abgezeichnet – sein Fehler. Nach Abschluss der Erdarbeiten türmt sich auf dem Grundstück ein Hügel von 120 Kubikmetern: Es sind der Aushub der Streifenfundamente und der abgetragene Mutterboden. Damit ließe sich ein Haus von zehn mal zwölf Metern mühelos einen Meter hoch mit Erde füllen.

Im Trubel der Bauarbeiten fällt das Hindernis nicht weiter auf. Erst nach Fertigstellung des Hauses, als die Gerüste abgebaut, Bauschutt, Baugeräte und Fahrzeuge verschwunden sind und der Bauherr die letzte Hausbaurate getreu dem vereinbaren Zahlungsplan überwiesen hat, rückt die stattliche Erhebung wieder ins Blickfeld. Sie verstellt der Familie die Aussicht ins unverbaute Umland. Und wer braucht schon einen Rodelberg für Kinder und Enkelkinder?

Der Bauherr bittet um Abfuhr und darf sich von der Baufirma belehren lassen. Denn was steht da leicht übersehbar im Vertrag? „Der übrige Erdaushub wird dem Bauherrn/Auftrageber unentgeltlich zur Verfügung gestellt." Unentgeltlich klang gut, und Erde kann man immer brauchen. Dachte der Bauherr und ist voll in die Kostenfalle gelaufen. Was nun? Das Grundstück ist hergerichtet, selbst die breite Auffahrt zwischen Haus und Grundstücksgrenze bereits gepflastert. Und nun ein schwerer LKW auf dem nur für PKW angelegten Bereich?

Der Bauherr, im Besitz des Schwarzen Peters, ruft einen Unternehmer an und bittet um ein Kostenangebot. Der kalkuliert: Erdmassen mit einem Radlader hinter dem Haus aufnehmen, nach vorn transportieren und auf einen LKW laden. Dazu 35 km Abfuhr bis zur nächsten Einbaustelle plus Kippgebühr. Im Kostenvoranschlag ste-

Im Hintergrund der hinterlassene „Rodelberg"

hen 1.340 €, auf denen der Bauherr sitzen bleibt. Dabei ist sein Haus nicht mal unterkellert. Käme ein Keller hinzu, und vielleicht auch noch der Aushub für Sammelgrube und Drainageleitungen, sind schnell 250 Kubikmeter und mehr Volumen erreicht. Verständlich, dass solche Mengen gern an den Bauherrn als „Geschenk" weiter gereicht werden. Und welcher Bauherr plant und benötigt den Erdhaushub für eine Terrasse von 250 Quadratmetern?

Die Lektion aus der Kostenfalle Erdaushub:

■ Im Vertrag vereinbaren: Die Abfuhr des übrig gebliebenen Erdaushubs übernimmt die Baufirma.

■ Falls nicht kostenfrei, Kostenangebot von Drittfirma einholen und günstigen Pauschalbetrag vereinbaren.

Keller

Der Bauherr überlegt: Ein Keller bedeutet Flächengewinn für Hobby-, Abstell- und Hauswirtschaftsraum. Und Platz für die Party wäre auch. Aber er verlängert die Bauzeit und macht das Haus teurer.

Ob der Bauherr die zusätzlichen Flächen braucht und wie hoch die damit verbundenen Kosten sind, sollte er am besten mit seinem Architekten besprechen. Der wird prüfen: Wie tief muss der Keller in den Erdboden gebaut werden? Was ist die maximal zu erwartende Grundwasserhöhe? Wie steht es um die Versickerungs- und Tragfähigkeit des Bodens?

Ist der Boden nur wenig versickerungsfähig, muss eine teure Abdichtung gegen stauendes Sickerwasser gewählt werden, befindet sich der Keller im Grundwasserbereich, eine noch teurere Abdichtungsvariante gegen drückendes Wasser (siehe Seite 45). Auch die Tragfähigkeit des Bodens ist zu prüfen und unter der Kellersohle vielleicht auszutauschen oder zu verbessern. Alles bedeutet zusätzliche Kosten.

Auch die Größe der Baugrube und die Böschungen sind zu berücksichtigen. Denn senkrecht kann – außer bei Fels – kaum ausgeschachtet werden. Böschungen müssen aus Sicherheitsgründen schräg verlaufen, damit keine Erde abbricht und Menschen unter sich begräbt.

Böschungswinkel sind von den Bodenverhältnissen abhängig. Je bindiger der Boden, das heißt, je höher der Anteil an Lehm oder Ton, umso steiler kann der Böschungswinkel sein. Bei Sandboden darf er nur 45° oder noch weniger betragen. Je flacher die Böschung geneigt ist, umso größer wird die Baugrubenfläche und umso umfangreicher der Bodenaushub.

Für die Aushubmenge ist auch entscheidend, wie tief der Keller ins Erdreich eingebracht wird. Böschungsneigung und Baugrubentiefe entscheiden über Aushub und Kosten.

Am ungünstigsten ist die Kombination eines tief liegenden Kellers auf nicht bindigem, also sandigem Boden. Beispiel: Bei der Unterkellerung eines Eigenheims mit einer Grundfläche von 10 x 12 m entstehen bei einer Kellereinbautiefe von 1.25 m und einer Kellergeschosshöhe von 2.40 m sowie den notwendigen Abdichtungen gegen Bodenfeuchte und nicht stauendes Sickerwasser auf sandigen Boden zusätzliche Kosten von mindestens 25.000 €.

Die Lektion aus der Kostenfalle Keller:

Die Kosten für die Errichtung eines Kellers sind abhängig von

- der Einbautiefe des Kellers ins Erdreich,

- der Höhe des Kellergeschosses,

- der Bodenklasse und dem damit verbundenen, notwendigen Böschungswinkel sowie Verbaumaßnahmen (Abstützungen des Erdreichs), um die Breite der Böschung zu minimieren,

- der Art der Bauwerksabdichtung gegen (in kostensteigernder Reihenfolge) Bodenfeuchte oder nicht drückendes Wasser oder drückendes Wasser,

- eventuell notwendiger Grundwasserabsenkung,

- eventuell erforderlichen Drainagen und ihren Tiefenlagen,

- dem Einbau einer separaten Außentreppe.

Entwässerungskanalarbeiten

Küche mit Spüle und Geschirrspüler, Bäder mit Toiletten, Dusche, Waschbecken und Badewannen, Hauswirtschaftsräume mit Waschmaschinen und Ausgussbecken: überall fließt Wasser und will abfließen, durch Leitungen und natürlich genau nach Plan. Wer kommt schon auf die Idee, dass hier oft planlos drauflos gebaut wird? Der Bauherr hat sein Haus bei einem Bauträger bestellt. Der hat, nett wie er ist, neben der Planung auch die Bauüberwachung übernommen und kontrolliert sich praktisch selbst. Das hätte den Bauherrn misstrauisch machen müssen. Doch der wacht erst auf, als die Entwässerungskanalarbeiten anstehen. Sein Baugrundstück ist nicht an ein öffentliches Abwasserkanalnetz angeschlossen, auf dem Land keine Seltenheit. Eine Sammelgrube muss errichtet werden und wird von der Bauaufsicht auch genehmigt. Bahn frei für die Erdarbeiten und die Grundleitungen unterhalb der Bodenplatte.

Ein paar Wochen später steht der Bauherr mit dem Bauleiter, gütige Hand des Bauträgers, auf der Bodenplatte des künftigen Eigenheims, dort, wo einmal die Küche sein wird. „Wie machen wir es mit dem Abfluss?" fragt der Bauleiter und hat auch gleich die Antwort: „Der kürzeste Weg ist der beste. Wenn hier später mal die Spüle steht, dann von da direkt nach draussen." Das leuchtet ein.

Erst kurz vor dem Einzug, als Handwerker bereits die Küchenmöbel aufstellen und die Spüle montieren, erfährt der Bauherr am eigenen Leibe, dass ihn der Bauleiter an der Nase herumgeführt hat. Denn was hätte er wohl gesagt, wenn der Bauherr seinerzeit auf den Vorschlag vom kurzen Weg nach draußen nicht eingegangen wäre und einen zentral geführten Abfluss für Küche, Bad, WC verlangt hätte? Da war die Bodenplatte längst verlegt, eine Zusammenfassung der Abflüsse gar nicht mehr möglich.

Der Bauleiter hätte zugeben müssen, dass der Küchenanschluss schlicht vergessen wurde und der vorgeschlagene kurze Weg nach draußen ein

Hochstehende Anschlüsse der Grundleitungen. Ihr Verlauf muss im Grundleitungsplan vor Baubeginn festgelegt werden

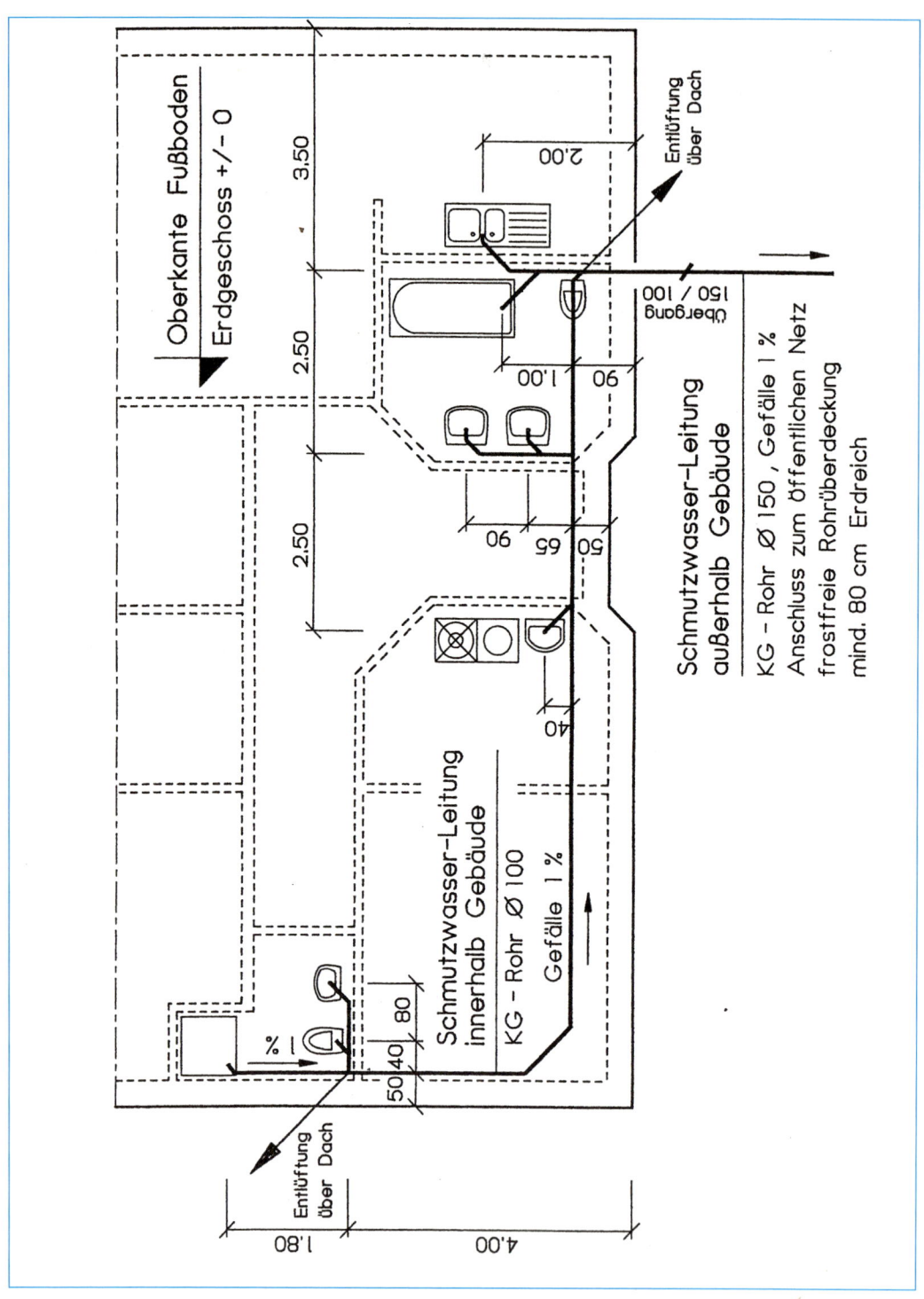

Muster eines Grundleitungsplans. Die dicke schwarze Line kennzeichnet die Abflussleitung

Trick, weil keine andere Lösung mehr möglich war. Leider denken Baufirmen oft nur bei Bad und WC an den Abfluss, manchmal auch an den Hauswirtschaftsraum. Aber an die oft entlegene und noch gar nicht vorhandene Küche denken sie nicht. Und bloß keinen Blick in den Bauplan werfen.

Der Bauleiter und seine Firma sind dennoch aus dem Schneider. Außenanschlüsse gehen sie laut Vertrag nichts an. Der Küchenabfluss ist durch die Wand nach außen geführt worden, basta. Ein Grundleitungsplan (s. linke Seite) existiert nicht. Dann wäre das Malheur nicht passiert, das jetzt folgt. Die Küche ist installiert, der Bauherr dreht den Wasserhahn der Spüle auf – und das Wasser staut sich im Becken. Eine Verstopfung? Dann der Verdacht: Der Abfluss! Aus dem Gedächtnis aller Beteiligten verschwunden, endet er irgendwo draußen unterhalb der Erdoberfläche. WC und Bad sind längst an die Kleinkläranlage angeschlossen, die Leitungen verlaufen weit entfernt hinter dem Haus. Die dafür zuständige Firma ist dort von einem zentralen Abfluss samt Küchenspüle ausgegangen. Die Küche aber liegt in der entgegen gesetzten Ecke, acht Meter entfernt. Dort sind Kiesrand und Plattenweg fertig, die Leitungen für Telefon, Wasser und Strom und den Gastank im Boden – wo auch immer. Kaum eine der Installationsfirmen hat einen Lageplan hinterlassen, Fehler des Bauherrn, nicht danach gefragt zu haben.

Die Firma für die Kleinkläranlage rückt noch mal an, drei Mann mit Bagger. Sie fragen nach dem Küchenabfluss. Der Bauleiter, ohne Grundleitungsplan, schätzt und schätzt falsch. Der Bagger bohrt sich unter Weg, Medienleitungen und Kiesrand durch – vergeblich. Erbost zieht das Team wieder ab: „Ohne Plan machen wir nicht weiter." Der Bauleiter korrigiert seine Schätzung und schickt eine Skizze. Bingo. Diesmal kann die Küchenspüle mit einer zusätzli-

chen langen Leitung an das bestehende Leitungssystem angeschlossen werden. Aber zweimal anfahren, und alle vorhandenen Leitungen vorsichtig unterfassen. Das kostet.

Das Ergebnis: Eine Rechnung über 345.22 für zwei Tage Zusatzarbeiten. Acht überflüssige Meter Rohrleitung mehr. Der Bauherr bleibt auf diesen Kosten sitzen. Denn in der Leistungsbeschreibung seines Vertrages steht: „Anschluss der außerhalb des Gebäudes liegenden Leitungen an das Kanalnetz sind im Leistungsumfang nicht enthalten."

Die Lektion aus der Kostenfalle Anschlüsse:

■ Nie ohne vertraglich vereinbarten Grundleitungsplan bauen. Nur dort können alle Abflüsse unter Berücksichtigung der anzuschließenden Sanitärobjekte, der Lage eventuell hinderlicher Wände und der Berücksichtigung der Höhenlage des öffentlichen Kanalnetzes oder der Sammelgrubeneinlaufs dargestellt werden. Schließlich muss das Abwasser auch abfließen können.

■ Das Gefälle sollte 1 cm auf einen Meter (1 %) betragen und 1,5% nicht überschreiten. Abwasser soll fließen und nicht stürzen. Sturzgefälle führen zu Verstopfungen.

■ Die Grundleitungen unter der Bodenplatte müssen 10 cm Durchmesser haben, also der so genannten Nennweite 100 entsprechen, die Sammelleitung zur Kanalisation oder zur Sammelgrube der Nennweite 150, also 15 cm Durchmesser.

■ Leitungsbögen wie zum Beispiel von der Senkrechten zur Waagerechten unter der Bodenplatte sollen nicht in 90° ausgeführt werden, um Verstopfungen zu vermeiden, sondern mit zwei-

mal 45° oder, wenn genügend Platz ist, mit dreimal 30°.

■ Sind die Anschlüsse außerhalb des Gebäudes
in der Leistungsbeschreibung nicht enthalten,
liegt die Verantwortung für die Ausführung ausschließlich beim Bauherrn oder seinem Bauüberwacher.

■ Nachbesserung durch zusätzliche Rohrleitungen für vergessene Außenanschlüsse verkompli-

ziert die Abwasseranlage und birgt die Gefahr eine Kollision mit bereits verlegten Medien (Wasser, Strom, Telefon, Gastank).

■ Auch von Firmen, die Außenanschlüsse legen
(Telekom, Wasser, Strom), Verlegungsplan ein-
fordern und auf einem gemeinsamen Plan eintragen.

■ Außenleitungen, die nicht tiefer als 80 cm-1 m
verlegt werden, sind frostanfällig.

Grundleitungsplan

Der Bauträger hat dem von ihm bestellten Architekten ein mageres Honorar gezahlt, der Bauherr
ist der Dumme. Denn nun spart sich der Architekt einen Grundleitungsplan und überlässt den
ausführenden Firmen aus den Bereichen Erdarbeiten und Sanitäranlagen kreativ wie hypothe-
tisch den Verlauf der Grundleitungen und ihren
Ablaufpunkten.

Gefälle und Leitungsdurchmesser bekommen
die Firmen noch hin, aber die Ablaufpunkte für
Badewanne, Dusche, WC und Küchenabfluss
verlegen sie mit nur ungefährer Kenntnis der
späteren Position von Sanitäranlagen und der
Küchenspüle, die auch im Grundrissplan nicht
eingezeichnet sind. Trotzdem kommt fast alles
so hin wie vermutet, aber eben nur fast. Der Bauherr hatte sich eine kleinere Küche gewünscht
und die Küchenwand um zehn Zentimeter ver-
setzen lassen, sowie für den Hauswirtschaftsraum ein Ausgussbecken bestellt – alles vom
Bauträger abgenickt und im Grundrissplan des
Bauherrn eingetragen.

Leider geraten die Änderungen beim Bauträger,
der sich wie üblich mal wieder nichts aufge-

schrieben hat, in Vergessenheit. Die Wandpläne
im Grundrissplan werden in der Planungsphase
nicht mehr korrigiert, der Ablaufpunkt für das
bestellte Ausgussbecken im Hauswirtschaftsraum wird nicht eingerichtet.

Als die Bodenplatte verlegt ist und die Anschlüsse der Grundleitungen herausragen, hätten zumindest die Maurer wach werden müssen, denn
die von ihnen zu errichtende Wand verläuft direkt über dem Ablaufrohr, das später den

Die Wand auf dem Abflussrohr

Küchenabfluss aufnehmen soll. Nichts da, die Wand wird direkt auf den Abfluss gestellt. Nur durch eine Aussparung in der Wand ist er noch sichtbar – ein Schildbürgerstreich.

Der Bauherr wundert sich: Was gibt es in der Wand zu entwässern? Der Bauträger windet sich, als ihm der Bauherr den Pfusch und die verabredeten Änderungen im Grundrissplan zeigt. Folge: Die Trennrand muss abgerissen und neben dem Abflussrohr neu aufgemauert werden. Und im Hauswirtschaftsraum der Abfluss des vergessenen Ausgussbeckens mit einer kostspieligen Betonkernbohrung nachgerüstet werden.

Die Mehrkosten belaufen sich auf 1.850 €, die der Bauträger auf den Bauherrn abwälzen will.

Der hat zum Glück die Änderungen in der Planungsphase vom Bauträger abzeichnen lassen und gewinnt deshalb vor Gericht. Aber auf den Anwaltskosten bleibt er sitzen.

Die Lektion aus der Kostenfalle Grundleitungsplan:

■ Grundleitungsplan vertraglich vereinbaren und aushändigen lassen.

■ Jede Änderung im Grundrissplan eintragen und von der Baufirma abzeichnen lassen.

■ Die Lage der Grundleitungen vor dem Betonieren der Bodenplatte prüfen oder besser von Architekt/Ingenieur prüfen lassen.

Sammelgruben für Abwässer und Regenwasser

Die Größe

Der Bauträger spart, wo er kann und schaut auf jeden Euro – besonders dann, wenn er mit dem Bauherrn einen Festpreis vereinbart hat. Er spart natürlich, wo sonst, am Bau, und der Bauherr soll nichts merken. Im Bauerrichtungsvertrag eine Zahl vergessen, und schon fallen dem Bauherrn die Zusatzkosten auf den Fuß.

Kostenfalle Sammelgrube: Eine solche Grube ist dann fällig, wenn das Baugrundstück nicht, was auf dem Land vorkommen kann, ans öffentliche Abwasserkanalnetz angeschlossen ist. Die Bauaufsichtsbehörde hat die Sammelgrube genehmigt, der Bauherr sie als Vertragsbestandteil vereinbart. Der Bauträger hat das zähneknirschend hingenommen, denn der Vertrag war zu diesem Zeitpunkt noch nicht unterschrieben und die

Braut nicht über die Schwelle getragen. Der Hausbau neigt sich dem Ende zu, nun geht es an die Sammelgrube. Der Bauträger denkt an seine Gewinnspanne und blickt in den Vertrag. Und siehe da – die Sammelgrube ist zwar vereinbart, nicht aber die Größe. Ein Angebot wird eingeholt. Eine Grube von sechs Kubikmetern Fassungsvermögen ist rund 800 € preiswerter als eine mit zehn. Das ist für die Baufirma ein schöner Schluck aus der Pulle, und die Entscheidung fällt ihr denn auch nicht schwer.

Der Bauherr bekommt davon nichts mit, Erde drüber, Schwamm drüber. Erst vier Monate nach dem Einzug macht er sich über die Abwasserentsorgungskosten so seine Gedanken. Denn sein Nachbar lebt wie er in einem Vier-Personen-Haushalt, und bei ihm kommt das Abfuhrunternehmen nur einmal statt zweimal im Monat.

Denn dort gibt es eine Sammelgrube mit einem Fassungsvermögen von zehn Kubikmetern.

Erst jetzt macht der Bauerherr, was er schon längst machen sollte: Er schaut im Vertrag nach und entdeckt, dass die Nutzinhaltgröße, also das Fassungsvermögen, nicht vereinbart ist. Das geringere Volumen macht einen häufigeren Abflusszyklus notwendig, und das bedeutet: immer wieder zusätzliche Kosten von 215 €.

Regenentwässerung

In Deutschland hängt der Himmel oft voller Wolken. Regen, Schnee und Hagel prasseln auf die Dachflächen des Hauses und die Außenflächen, auf Beton, Asphalt, Beton- und Natursteinpflaster. Diese Wassermengen müssen so kanalisiert und abgeführt werden, dass sie immer vom Gebäude weg fließen. Also müssen alle versiegelten, das heißt, die nicht oder schwer durchlässigen Flächen, ein Gefälle haben, und zwar mit einer Neigung von 1 %, also 1 cm auf 1 m Länge. Sie müssen außerdem mit Ablaufrinnen versehen sein. Und es sollte eine Entwässerungsplanung für den gesamten Außenbereich geben, um unliebsame Überraschungen zu vermeiden. Auf die Kenntnis physikalischer Gesetze bei seiner Baufirma verließ sich auch der Bauherr, der nach Fertigstellung seines Hauses noch eine Pflasterung für die Grundstückseinfahrt und zum Hauseingang bestellte. Auf dieser Fläche verlegte die Firma ein Betonverbundpflaster mit einem schwachen Gefälle von 0.5 %. Der Fußboden des Hauseingangs lag auf gleicher Höhe wie die gepflasterte Fläche. Die Entwässerungsrinne war an einen Sickerschacht mit einem Fassungsvermögen von einem Kubikmeter angeschlossen. Ein Entwässerungsplan lag nicht vor. Pfusch. Schon beim ersten starken Regen war das Fassungsvermögen von Sickerschacht und Rinne erreicht, das Niederschlags-

wasser stand auf der gepflasterten Fläche und lief durch den starken Wind in den Hauseingang hinein.

Fazit: Den zu kleinen Sickerschacht aus- und einen von 3 cbm einbauen kostete den Bauherrn mit allen Nebenkosten 1.180 €. Auf größeres Gefälle in der Pflasterung, die neu hätte angelegt werden müssen, verzichtete er aus Kostengründen.

Die Lektion aus der Kostenfalle Abwasser und Regenwasser:

■ Größe der Sammelgrube vorher vereinbaren.

■ Für einen 4-Personen-Haushalt muss bei einem vierwöchigen Abfuhrzyklus mit einem Nutzinhalt von mindestens zehn cbm gerechnet werden. Dieser Nutzinhalt ist mit dem Volumen der Sammelgrube vom Boden zum Deckel nicht identisch, denn diese hat nur ein Fassungsvermögen vom Boden bis zum Einlaufrohr, den so genannten Nutzinhalt. In einigen Gemeinden ist eine Mindestgröße (oft zehn cbm) für den Nutzinhalt der Abwassersammelgrube in der Wasser- und Abwassersatzung vorgeschrieben, wenn Baugrundstücke nicht an das öffentliche Abwassernetz angeschlossen sind und ein privates Abfuhrunternehmen im Auftrag der Gemeinde für die Abfuhr des Abwassers sorgt.

■ Entwässerungsplan für das Grundstück durch Architekt oder Ingenieur fertigen lassen.

■ Keine Entwässerung ohne Gefälle mit einer Neigung von 1 cm auf 1 m Länge. Ein Sickerschacht von mindestens 3 cbm Fassungsvermögen ist ratsam, jedoch von der zu entwässernden Fläche abhängig.

Beton

Beton ist ein beliebter Baustoff. Er wird für Fundamente, Decken, Stützen, Träger und Wände eingesetzt, denn er ist formbar und – sobald erhärtet – hoch belastbar. Nicht nur Druck-, sondern auch Zugbelastungen gehören zu seinen Eigenschaften. Er wird dann mit Bewehrungsstahl verbunden und als Verbundbaustoff unter der Bezeichnung Stahlbeton verwendet.

Beton gibt es in verschiedenen Festigkeitsklassen. Diese sind von seinen Bestandteilen wie Kies, Sand, Splitt und Zementen verschiedener Sorten sowie Wasser abhängig. Als Betonzusatzmittel können außerdem Abbindeverzögerer sowie -beschleuniger, Dichtungsmittel, Farbstoffe und vieles andere mehr verwendet werden. Über die Qualität des Betons hinsichtlich seiner Druckfestigkeit entscheidet aber auch seine Verarbeitung.

Dabei ist die Verdichtung wesentlich. Flüssiger Beton wird meist mit einem Flaschenrüttler verdichtet. Dabei werden die Hohlräume im noch formbaren Beton durch die Vibrationen verringert, so dass ein dichtes Gefüge entsteht und der Beton später ausreichend druckbelastbar ist.

Der Bauüberwacher des Eigenheims wird bei Abnahme der Fundamente auf das lose, nicht dicht gelagerte Korngefüge des eingebauten Betons aufmerksam und bezweifelt eine ausreichende Druckfestigkeit wegen ungenügender Verdichtung. Dies streitet das Unternehmen natürlich ab.

Daraufhin veranlasst der Bauüberwacher im Auftrag des Bauherrn eine Betondruckfestigkeitsprüfung. Dazu werden vom Prüflabor drei Betonkerne gezogen. Die Prüfung ergibt einen Beton der Druckfestigkeitsklasse C 12/15, je nach Probe mal besser, mal schlechter. Notwendig wäre nach den Vorgaben des Statikers eine Druckfestigkeitsklasse C 20/25 für die Fundamente gewesen.

Nach Vorlage der Prüfergebnisse verlangt der Bauherr den Abbruch der Fundamente und Neufertigung. Nicht auszudenken, wenn der schwere Fehler bei der Fundamentlegung nicht rechtzeitig erkannt worden wäre. Später wäre der Schaden irreparabel gewesen. So kommt der Bauherr mit zwei Wochen Bauverzug davon. Aber die Kosten für Abbruch, Entsorgung und neue Fundamente, immerhin 7.600 €, muss die Baufirma übernehmen.

Die Lektion aus der Kostenfalle Beton:

■ Die erforderlichen Druckfestigkeitsklassen des Betons für die einzelnen Betonbauteile werden in den statischen Berechnungen vor Baubeginn festgelegt und unter der jeweiligen Bezeichnung – zum Beispiel C 20/25 – beschrieben.

■ Beton für tragende Bauteile wie Fundament, Stützen, Decken, Wände muss grundsätzlich verdichtet werden, um eine entsprechende Festigkeit zu erreichen. Auch auf eine Nachbehandlung nach Herstellung des Betons ist zu achten, um die erforderlichen Eigenschaften wie Abriebfestigkeit vor allem im Oberflächenbereich zu gewährleisten. So muss für einen ausreichenden Verdunstungsschutz gesorgt werden, damit der Beton nicht zu schnell austrocknen kann. Er sollte zum Beispiel mit dampfdichten

Folien abgedeckt oder mit Wasser besprüht werden. Die Dauer der Nachbehandlung ist von der Oberflächentemperatur, der späteren Beanspruchung und der Festigkeitsentwicklung des Betons abhängig. Bei einer Oberflächentemperatur von beispielsweise 25° Celsius und einer mittleren Festigkeitsentwicklung kann von zwei Tagen Nachbehandlungsdauer ausgegangen werden. Sollte die Oberflächentemperatur nur 5-10° Celsius betragen, ist bei gleicher Festigkeitsentwicklung schon eine Nachbehandlungszeit von sechs Tagen erforderlich. Für diese Nachbehandlung ist die Baufirma verantwortlich.

■ Die Betonqualität kann anhand der Lieferscheine verglichen werden. Diese Scheine sollte sich der Bauherr aushändigen lassen und aufbewahren. Damit kann aber nur die Qualität des gelieferten Betons festgestellt werden, nicht seine Ver-arbeitung und Druckfestigkeit. Der Bauherr kann jedoch den Beton jederzeit prüfen lassen. Die Prüfung auf Druckfestigkeit für tragende Bauteile wird von anerkannten Baustoff- und Prüflabors durchgeführt. Labors entnehmen ihre Proben während des Betonierens vor Ort und lagern sie fachgerecht, bis der Beton 28 Tage alt ist. Dann ist er genügend erhärtet und sollte seine in den statischen Berechnungen angegebene Druckfestigkeit und Belastbarkeit erreicht haben. Nach dieser Zeit werden die drei Proben einer Druckbelastungsprüfung unterzogen. Oder die Labors entnehmen dem erhärteten Beton Bohrkerne und unterziehen sie einer Druckbelastungsprüfung.

■ Die in den statischen Berechnungen angegebene notwendige Druckfestigkeit erreicht Beton immer erst nach 28 Tagen. Dann ist er erhärtet und voll belastbar.

Streifenfundament und Bodenplatte

Das Eigenheim soll sicher stehen und braucht ein solides Fundament. Dafür ist der Statiker zuständig. Er berücksichtigt dabei die Tragfähigkeit des Baugrundes und die Lasten des Hauses. Dann wird er sich – seltener – für ein Streifenfundament oder – eher – für eine bewehrte Bodenplatte entscheiden.

Sowohl bei Bodenplatten als auch bei nur unter den Wänden angeordneten Streifenfundamenten geht es um die erforderliche Druckfestigkeitsklasse des Betons, die Festlegung der Fundamentbreite und -dicke sowie um die Überlegung, ob eine Stahlarmierung (Fachbegriff: Bewehrung) erforderlich ist oder nicht. Dies alles ist von der zulässigen Belastbarkeit des Baugrundes abhängig. Streifenfundamente und Bodenplatte sind gleichwertig. Streifenfundamente müssen unter allen Mauerwerkswänden angeordnet werden. Nach dem Aufmauern der Wände muss noch eine tragende Unterbetonschicht auf das dazwischen liegende Erdreich verlegt werden. Darauf folgt der Fußbodenaufbau aus Abdichtung, Bodendämmung und Estrich.

Alles eine Frage des Preises. Für Streifenfundamente müssen einzelne Gräben gezogen und mit Schalungen geschützt werden, damit das Erdreich nicht nachrutscht. Dies ist aufwendiger als bei Bodenplatten, die nur eine Schalung ringsum benötigen. Streifenfundamente, durchschnittlich 80 cm dick, kommen meist ohne Bewehrung aus. Bodenplatten, meist 20 cm dick, sind wegen der notwendigen Verstärkung durch eine Bewehrung kostenintensiver. Bei unterkellerten Gebäuden wird meist bewehrten Bodenplatten der Vorzug gegeben, um nicht noch tiefer ins Erdreich schachten zu müssen.

Der Bauherr lässt für sein unterkellertes Eigenheim eine bewehrte Bodenplatte legen, genauer: eine ebene und abgeriebene Bodenplatte. Mit einem Reibebrett deshalb abgerieben, damit eine glatte Oberfläche für die aufzuklebende Bodenabdichtung geschaffen werden kann. Der Bauüberwacher nimmt die Bewehrung ab und gibt die Bodenplatte zum Betonieren frei. Danach prüft er die Oberfläche des Betons und stellt fest, dass sie nicht gerieben wurde und eine ruppige Fläche zurückgeblieben ist. Folge: Grobe Grate müssen entfernt und Teilflächen gespachtelt werden, um eine sichere Unterlage für die Bodenabdichtung zu schaffen.

Es ist nicht der einzige Fehler. Die Oberfläche ist nicht eben. Die Prüfung ergibt eine Differenz zwischen dem tiefsten und dem höchsten Punkt von 58 mm. Aber nur 25 mm sind nach der aktuellen DIN 18202 zulässig. Da der höchste Punkt für den späteren Fußboden maßgebend ist, musste von diesen 58 mm ausgegangen werden. Eine schiefe Ebene also.

Dem Bauüberwacher ist klar, dass hier großflächige Bereiche später mit Estrich ausgeglichen werden müssen. Hier lauert die Kostenfalle. Denn die Estrichfirma ist lange nach der Bodenplatte dran. Erst einmal werden Bodenabdichtung und Dämmschicht auf die Bodenplatte gelegt. Da sie gleichmäßige Dicken haben, bleibt nur der Estrich für die Nivellierung des Fußbodens übrig. Den Mehraufwand an Material lässt sich die Estrichfirma bezahlen. Ist der Estrich erst mal verlegt, kann die Schadensursache nur schwer ermittelt und bewiesen werden.

Hier wurden die Unebenheiten zumindest so rechtzeitig festgestellt, dass sich der Aufwand für zusätzlichen Estrich berechnen ließ. Die Kosten, rund 520 €, setzte der Bauherr von der Rechnung für die Bodenplatte ab.

Die Lektion aus der Kostenfalle Streifenfundament und Bodenplatte:

■ Die Entscheidung, ob Bodenplatte oder Streifenfundamente, sollte von der Zahl der lastabtragenden Innenwände abhängig gemacht werden. Bereits bei mehr als zwei lastabtragenden Innenwänden kann sich eine bewehrte Bodenplatte rechnen.

■ Vor der Verlegung einer Bodenplatte muss mit der zuständigen Firma die Ebenheitstoleranz sowie die Oberflächengüte festgelegt werden. Ohne Vereinbarung gelten die Toleranzen nach der derzeit aktuellen DIN 18202 Tabelle 3 Zeile 1 für nicht flächenfertige Oberseiten von Unterböden, Unterbeton und Decken.

■ Die Ebenheit der Bodenplatte muss umgehend nach Fertigstellung und Begehbarkeit geprüft werden. Die Regelwerke und Messvorschriften für die Prüfung von Maßabweichungen und Ebenheitstoleranzen überfordern den Laien und sollten einem Fachmann überlassen werden. Abweichungen sind von Bauherr und Baufirma gemeinsam festzustellen. Der Fußbodenaufbau richtet sich nach dem höchsten Punkt der fertigen Bodenplatte aus. Die gesamte tiefer liegende Fläche kann nur mit entsprechend mehr Estrichdicke ausgeglichen werden – und das wird teuer.

Ringanker

Der Bodenaushub für den Keller ist beendet, Fundamente und Kellerwände sind fertig. Es ist nicht Sache des Bauherrn, sich darum zu sorgen, wann der ausgehobene Boden rings um den Rohbau wieder eingefüllt wird. Aber gerade hier können Fehler der Baufirma fatale Folgen haben.

Eingedrückte Kelleraußenwände: ein Schock für den Bauherrn, der keinen Bauüberwacher verpflichtet hat. Deshalb streitet er sich sechs Monate mit seiner Baufirma über den Pfusch, bis er schließlich einen Sachverständigen bestellt. Wie ist es zu den Schäden gekommen? Der stellt fest: Kellerbodenplatte und -mauerwerk hat die Baufirma zwar fachgerecht errichtet und an den die Erde berührenden Außenwänden auch die Abdichtung angebracht. Doch dann wurden die vorgefertigten Stahlbetondeckenplatten nur lose aufs Kellermauerwerk verlegt, die Fugen also nicht ausbetoniert. Auch der Ringanker, aus Beton und mit Bewehrungsstahl armiert, fehlt noch, als die Baufirma den Aushubboden einfüllt und verdichtet. Sie hat fahrlässig gehandelt und offenbar keine Ahnung, dass dieser Anker, ein Balken aus Stahlbeton, der die Kellerdecke wie ein Gürtel umschließt, auch eine statische Funktion hat. Er hält die Wände am oberen Ende fest, damit sie senkrecht stehen bleiben.

Ebenso müssen die Fugen zwischen den Deckenplatten mit Beton ausgefüllt sein. Erst dann bilden alle Platten eine Decke wie aus einem Guss – der Fachmann spricht hier von einer aussteifenden Scheibe. Da die Deckenplatten, wie der Sachverständige schnell feststellt, nur lose auf dem Kellermauerwerk auflagen, die Deckenfugen nicht ausbetoniert wurden und der Ringanker noch fehlte, wurden die Kelleraußen-

Die verschobene Kellerinnenwand wird durch die Falte in der Bitumenabdichtung deutlich

Ganze Querwände im Keller können durch den Erddruck verschoben werden, wenn Decke und Ringanker noch nicht fertiggestellt sind

wände durch den Erddruck des eingefüllten Bodens nach innen gedrückt.

Schlimmer noch: Auch die noch nicht ganz fertig gestellten Kellerinnenwände, die rechtwinklig an die Außenwände anschließen, waren betroffen. Sie verschoben sich auf der Bitumenabdichtung um mehrere Zentimeter.

Es kommt zum Rechtsstreit. Angesichts der groben Mängel stimmt der Bauträger dem Drängen des Bauherrn nach Aufhebung des Hausbauvertrags zu, allerdings unter der Bedingung, dass die Kosten für die Mängelbeseitigung vom Bauherrn übernommen werden. Der Bauherr, der jedes Vertrauen in die Baufirma verloren hat, geht darauf ein – lieber ein Ende mit Schrecken als ein Schrecken ohne Ende. Er holt sich einen Architekten, der die einzelnen Gewerkeleistungen an seinem Haus ausschreibt und die dann dort tätigen Firmen koordiniert und überwacht.

Als erstes muss der Boden rings um den Keller ausgehoben, das eingedrückte Mauerwerk abgerissen und neu aufgebaut werden. Danach wird der Ringanker eingebaut, die Bauwerksabdichtung instand gesetzt und schließlich der Boden wieder eingefüllt. Die Kosten für den Schaden in Höhe von 10.600 € trägt – wie bei Vertragsauflösung vereinbart – der Bauherr. Die Bauverzögerung von acht Monaten bekommt er gratis hinzu.

Die Lektion aus der Kostenfalle Ringanker:

■ Ein Ringanker aus Stahlbeton in Höhe jeder Geschossdecke ist aus statischen Gründen notwendig. Er hat mindestens zwei, besser vier in Beton eingebettete Bewehrungsstähle im Durchmesser von mindestens 10 mm und wird als geschlossener Ring um die Geschossdecke geführt. Bei unterkellerten Gebäuden muss der Ringanker in Höhe der Kellerdecke noch vor dem Verfüllen des Erdaushubs eingebaut werden. Zwischen Betonieren des Ringankers und Verfüllung müssen mindestens 14 Tage vergehen, damit der Beton genügend gehärtet ist und die Wände ausreichend gegen den Erddruck des Verfüllbodens aussteifen kann.

■ Der Ringanker muss gemeinsam mit der Decke im Verbund hergestellt werden. Nur dann ist eine aussteifende Deckenscheibe wirksam zu erreichen. Beim so genannten Ortbeton ist das kein Problem, denn hier wird der Beton nach Deckenschalung und Einbau der Bewehrung geschüttet. Bei Stahlbetondecken aus Fertigteilplatten werden erst die Platten verlegt, dann Ringankerbewehrung und Fugenbewehrung zwischen den Fertigteilplatten eingebaut und Ringanker wie Fugen ausbetoniert.

■ An den Gebäudeecken sind rechtwinklige Bewehrungsstähle, die Eckbewehrung, mit einer beidseitigen Schenkellänge von einem Meter einzubauen, sodass die Bewehrung dort nicht unterbrochen und somit unwirksam wird.

Glatte und malerfertige Stahlbetondecken

Geschossdecken zwischen Etagen sowie Dachdecken als oberer Abschluss eines Eigenheims (Flachdach) werden meist aus Stahlbeton hergestellt. Bauherren bevorzugen dabei so genannte untersichtfertige und glatte Stahlbetondecken, um auf der Unterseite tapezieren oder streichen zu können.

Untersichtfertige Betondecken werden mit vorgefertigten Deckentafeln aus bewehrtem Beton von nur fünf Zentimetern Dicke hergestellt, die deshalb auch Filigrantafeln genannt werden. In den Betonwerken wird die glatte Betonoberfläche, die spätere Deckenunterseite, in malerfertiger Qualität produziert. Nach Herstellung der Decke sind nur noch die Fugen zwischen den Deckentafeln zu spachteln.

Ein komplizierter Vorgang: Um die Deckentafeln auf gleicher Höhe planeben auszurichten, müssen sie von so genannten Jochen – waagerechten Holzbalken mit Stützen – getragen werden. Den Höhenausgleich der einzelnen Deckentafeln besorgen Spindelfüße an den Stützen. Erst wenn die Deckentafeln plan nebeneinander liegen, kann eine Bewehrung auf die Tafeln verlegt

Wie die malerfertige Unterseite der Stahlbetondecke aussehen sollte

und das Ganze mit Beton in der erforderlichen Dicke ausgegossen werden. Das Ergebnis ist eine Stahlbetondecke mit malerfertiger Unterseite, die nicht noch verputzt werden muss.

Der Bauherr hat für sein Eigenheim eine Erdgeschossdecke aus Filigranplatten ausführen lassen. Bei der Bauabnahme entdeckt der Bauüberwacher, dass die Deckentafeln nicht plan verlaufen. Es sind Differenzen von 8-12 Millimetern sichtbar, weil die Spindelstützen nicht exakt eingestellt sind. Außerdem ist teilweise Beton aus den Fugen gelaufen und bildet Nasen. Klare Sache: Das ist keine untersichtfertige Erdgeschossdecke, wie sie der Bauherr bestellt hat. Sie wird von der ertappten Baufirma komplett gespachtelt, um die Absätze zwischen den Filigrantafeln auszugleichen. Außerdem wird die Decke von den Betonnasen gesäubert. Eine Sanierung der fehlerhaften Decke später von einer anderen Baufirma ausführen zu lassen – meist dann notwendig, wenn die Pfuscher in Insolvenz gegangen sind – hätte 400 € kosten können.

Die Lektion aus der Kostenfalle Stahlbetondecken:

■ Der Begriff der untersichtfertigen Stahlbetondecke muss so präzisiert werden, dass ein klares Vertragsverhältnis für die geforderte Qualität der Deckenunterseite besteht. Das heißt: „Die Unterseite der Decke muss tapezier- oder anstrichfertig, also ohne zusätzliche Flächenspachtelung statt der normalen Fugenspachtelung hergestellt sein".

■ Eine Fugenspachtelung durch die Baufirma ist nicht selbstverständlich und sollte ihr mitübertragen werden. Dadurch kann schon bei Abschluss der Arbeiten festgestellt werden, ob Absätze zwischen den Filigranplatten vorhanden sind. Die Baufirma will meist wissen, ob auf der Decke nur gestrichen oder auch tapeziert wird. Eine Tapete kann leichte, tolerierbare Unebenheiten besser kaschieren als ein Anstrich. Ein gewitzter Bauherr wird immer eine anstrichfertige Decke verlangen. Tapezieren kann er stattdessen immer noch.

■ Deckentafeln der Filigrandecke müssen plan verlaufen und dürfen keine Absätze aufweisen, wenn die Decke als anstrich- oder tapezierfertig gelten soll. Deshalb muss die Baufirma die Spindelstützen genau justieren. Nur Absätze von ein bis zwei Millimetern können im Fugenbereich noch gespachtelt werden. Bei Absätzen darüber hinaus ist eine komplette Spachtelung der Decke oder sogar ein Deckenputz erforderlich.

■ Deckentafeln sollen keine Fehlstellen oder Löcher aufweisen. Das kann der Bauherr nach der Verlegung durch Sichtkontrolle selbst prüfen.

■ Beim Gießen des flüssigen Deckenbetons darf an Deckenrändern und den Fugen zwischen den Deckentafeln kein Beton auslaufen.

Abdichtungen gegen Bodenfeuchte und nicht stauendes Sickerwasser

Gummistiefel schützen unsere Füße vor Nässe, und Bauwerksabdichtungen schützen wie Gummistiefel des Bauherrn Haus. Dichtungsbahnen im Mauerwerk, in Fußbodenaufbauten, auf Terrassen und Balkonen verhindern das Eindringen von Feuchtigkeit. Sie bestehen meistens aus Bitumen- oder Kunststoffprodukten und werden an den Außenflächen von Boden und Wänden, also der dem Wasser zugekehrten Bauwerksseite, verlegt und dicht schließend miteinander verbunden. Bauwerksabdichtung muss dicht sein, wenn sie vor Feuchtigkeit abschirmen und das Haus nicht schädigen soll. Hier lauert der Pfusch.

Der Architekt entnimmt dem Baugrundgutachten, wo Grundwasser ansteht, wie hoch es steigen kann, ob Bodenschichtenwasser ansteht und wie der Baugrund Niederschlagwasser aus Regen, Schnee und Hagel aufnimmt. Die Versickerungsmöglichkeit bei lehmigen oder tonhaltigen, so genannten bindigen Bögen, ist wesentlich schlechter als bei sandigen Böden. In bindigen Böden staut sich das Wasser, bevor es ins Grundwasser versickern kann. Der Architekt wird also entscheiden müssen, welche Abdichtungsart verwendet werden soll.

Zunächst die Bodenfeuchte. Das ist im Boden vorhandenes Wasser, sowie Wasser aus Niederschlägen und nicht stauendes Sickerwasser. Das staut sich dann nicht, wenn die anstehenden Bodenschichten stark durchlässig sind, und kann mit dem so genannten Wasserdurchlässigkeitswert berechnet werden.

Eine korrekt arbeitende Baufirma verlegt unter allen Wänden und auf dem Fundamentboden mindestens eine Lage Dichtungsbahn und führt die Bahnen so dicht aneinander, dass sie sich um mindestens zehn Zentimeter überlappen. Da Wände aus Mauerwerk, Beton oder Holz nun einmal Wasser aufnehmen, müssen diese Baustoffe von unten, außen sowie im Sockelbereich auch von der Außenseite geschützt werden. Denn auch von hier dringt Feuchtigkeit durch Spritz-, also Regenwasser, gegen den Sockel vor.

Eine Problemzone ist vor allem die so genannte Querschnittsabdichtung. Wenn hier nicht genügend Überstand der Dichtungsbahnen vorhanden ist, um die Bodenabdichtung anschließen zu können – neben den erwähnten zehn Zentimetern bei Außenwänden zwanzig Zentimeter bei Innenwänden, da ja hier die Bodendichtung von beiden Seiten angeschlossen werden muss – kann es kritisch werden. Schon ein Überstand von nur zwei oder drei Zentimetern könnte zu Feuchtigkeitsschäden führen.

Unzureichende Materialdicke der Sockelabdichtung

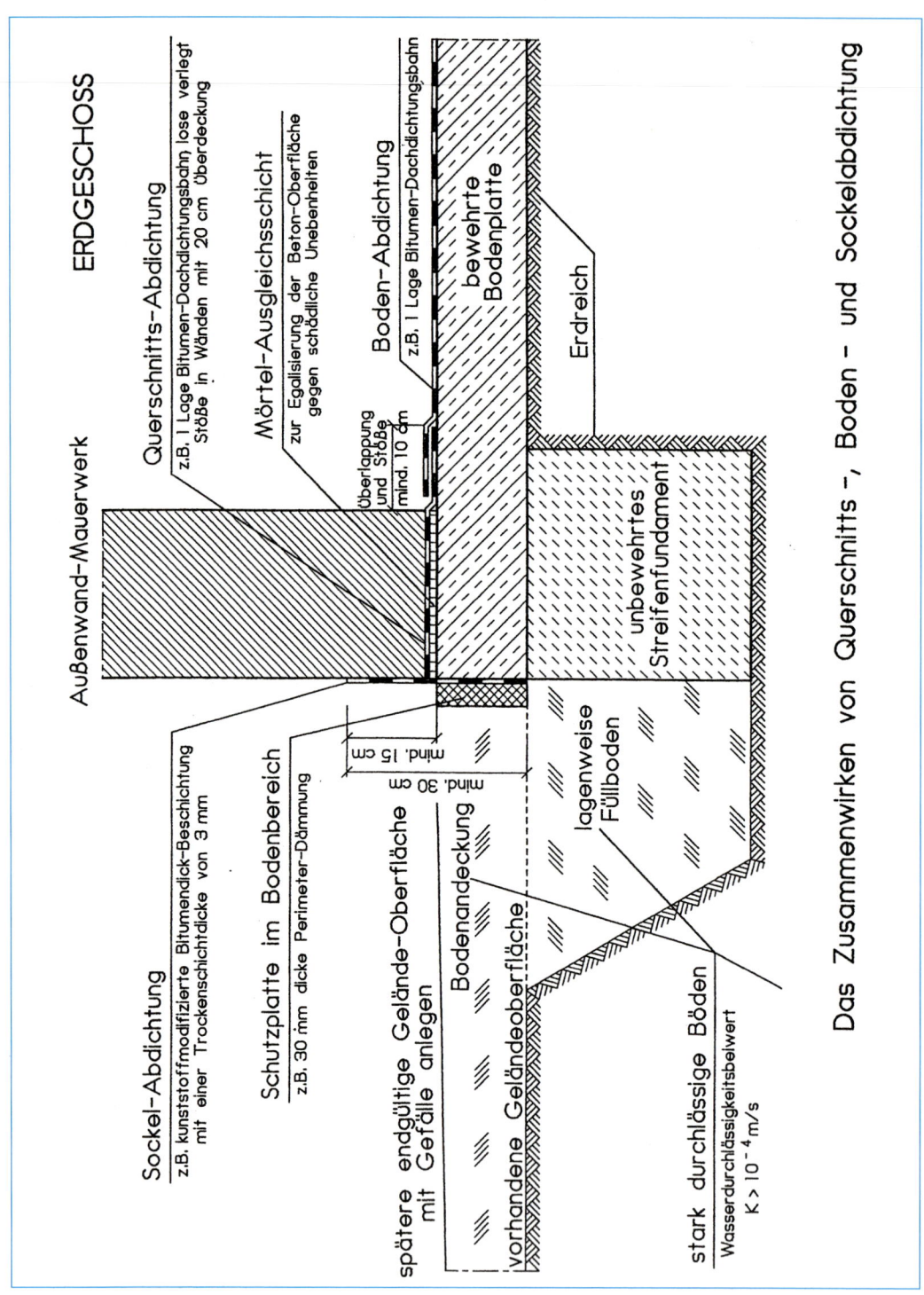

Problemzone beim Bau: die Abdichtungen gegen das Eindringen von Feuchtigkeit

Wichtig zu wissen, dass die Querschnittsabdichtung durch spitze Kiesel oder Steine im Fundamentbeton ebenso perforiert werden kann wie zum Beispiel durch Ziegelgrat der darauf stehenden Wand – Feuchtigkeitsschäden sind dann vorprogrammiert. Da sämtliche Lasten des Hauses auf die Querschnittsabdichtung drücken, wird sie durch Mörtelschichten als Ausgleichschicht vor schädlichen Unebenheiten oben und unten geschützt – sofern die Baufirma daran denkt. Dabei ist derselbe Mörtel zu verwenden, der auch fürs Mauerwerk verwendet wird.

Kein Bauherr, nur der Fachmann kann bemerken und verhindern, dass statt zugelassener Bitumen- oder Kunststoffbahnen von Baufirmen eine – nennen wir sie mal – „schwarze Erdbeerabdeckfolie" benutzt wird. Die gehört in den Obst- und Gemüsegarten und hat als Querschnittsabdeckung am Haus nichts zu suchen. Normgerechte Bahnen dürfen wegen der Mauerwerksspannungen keinesfalls aufgeklebt werden. Auch sie müssen sich an den Stößen um 20 cm überlappen.

Die senkrechte Abdichtung am Sockel – s. Darstellung von Querschnitts-, Boden- und Sockelabdichtung links – muss im Normalfall bis 30 cm oberhalb der vorhandenen Geländeoberkante geführt werden, wobei eventuell spätere Anschüttungen zusätzlich zu beachten sind. Nach Fertigstellung der endgültigen Geländehöhe muss diese Abdichtung noch mindestens 15 cm über die Geländeoberkante ragen. Nach unten muss diese gegen seitlich eindringende Feuchtigkeit an die Querschnittsabdichtung durch Überlappung dicht angeschlossen werden. Bei Lücken im Abdichtungssystem sind Folgeschäden vorprogrammiert. Die Sockelabdichtung sollte nur mit zugelassenen Produkten ausgeführt werden, zum Beispiel mit kunststoffmodifizierten Bitumendickbeschichtungen, die im fertigen Zustand eine Trockenschichtdicke von drei Millimetern aufzuweisen haben.

Vorsicht, Kostenfalle: Baufirmen verwenden statt der Bitumenbeschichtungen gern Produkte wie zementgebundene, kunstharzvergütete Dichtschlämme. Zwar fordern auch hier die Herstellerfirmen in ihren technischen Hinweisen eine Trockenschichtdicke von drei Millimetern, aber bei der seitlichen Abdichtung der Außenwände im Sockelbereich wird die Abdichtung von unseriösen Firmen gern nur „aufgehaucht". Wenn Bauherr und Bauüberwacher nicht aufpassen, wird schnell der Sockelputz darüber angebracht, und dann muss die Firma nur noch hoffen, dass die Gewährleistung abgelaufen ist, bevor der Folgeschaden auftritt, weil die Dichtung versagt hat.

Die Lektion aus der Kostenfalle Bauwerksabdichtungen gegen Bodenfeuchte und nicht stauendes Sickerwasser:

■ Querschnittsabdichtungen in Wänden 10 cm breiter wählen, um die Bodendichtung fachgerecht mit genügend Überstand anzuschließen.

■ Querschnittsabdichtungen in Wänden werden in eine Mörtelausgleichschicht eingebettet, um nicht beschädigt zu werden.

■ Sockelabdichtungen müssen nach oben bis 30 cm über die Geländeoberfläche und nach unten bis an die Querschnittsabdichtung herangeführt werden, um Feuchtigkeitsbrücken zu vermeiden.

■ Sockelabdichtungen aus kunststoffmodifizierten Bitumendickbeschichtungen oder zementgebundenen Dichtschlämmen müssen eine Trockenschichtdicke von mindestens 3 mm aufweisen.

Abdichtungen gegen nicht drückendes Wasser

Hier geht es im Wesentlichen um Terrassen- und Balkonflächen im Außenbereich sowie um Nassräume wie Bäder und Duschen im Innenbereich, vor allem um Fußböden mit Entwässerungseinlauf. Leider sind auch manche Architekten und ausführende Bauunternehmer nicht mit den DIN-Normen vertraut, wie ein Bauherr bei der Balkonabdichtung seines Hauses schmerzlich erfahren musste. Da keine eindeutige Ausführungsplanung zur Abdichtung vorlag, wählte die Baufirma – natürlich – die kostengünstige Variante. Der Bauherr vertraut auf seinen Architekten, und schon ist auf die waagerechte Balkonplatte eine zementgebundene Dichtschlämme aufgebracht. Aber wie soll Regenwasser ohne Gefälle abfließen? Die Baufirma hat – Kostenbewusstsein in eigener Sache – die Dichtschlämme nur „aufgehaucht". Der Balkon, allseitig mit Mauerwerk umschlossen, verfügt lediglich über eine Mittelrinne von nicht mal einem Zentimeter Breite und Tiefe, die in einen Ablaufgully mündet und obendrein noch durch

Betonauflager für die darauf verlegten Natursteinplatten blockiert wird. Das Ergebnis: Pfusch komplett. Es kam, was kommen musste: Auf dem Balkon sammelte sich mangels Abfluss Regenwasser, sickerte durch die nicht fachgerechte Abdichtung und dann durch die Balkonplatte. Tropfen auf den darunter liegenden Balkon schrecken den Bauherrn hoch.

Ein Sachverständiger wird alarmiert und stellt fest: Der Balkon muss auf einen Meter Länge ein Gefälle von 1.5-2 cm haben, und zwar in Richtung Balkonablaufgully. Der muss an die Regenentwässerung angeschlossen sein. Auf den Balkonboden kommt eine Abdichtung mit zugelassenen Stoffen (nach DIN 18195), darüber Schutz- und Nutzbelag. Nur dann wird der Balkon wirksam entwässert und bleibt schadenfrei. Schadengröße in diesem Fall nach den notwendigen Reparaturmaßnahmen: 3.000 €. Zum Glück trat der Schaden noch innerhalb der Gewährleistung ein. Die Baufirma musste nachbessern.

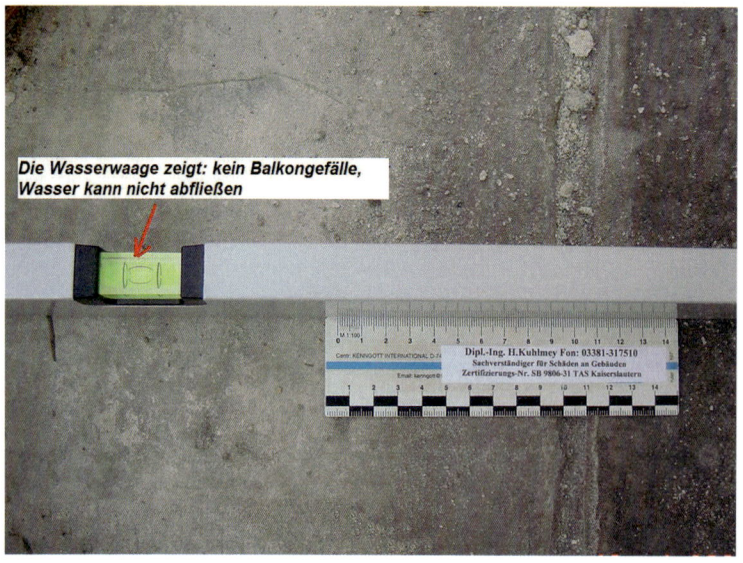

Die Wasserwaage zeigt: kein Balkongefälle, Wasser kann nicht abfließen

Blick von unten: Wasser sickert durch die Balkonplatte

bodentiefen Fenstern – nicht möglich, muss davor eine Entwässerungsrinne eingerichtet und an die Balkonentwässerung angeschlossen werden.

Die Lektion aus der Kostenfalle Abdichtungen gegen nicht drückendes Wasser:

■ Die Wasser führende Ebene soll ein ausreichendes Gefälle von mindestens 1.5 % haben, um Wasser dauerhaft abzuführen.

■ Die Abdichtung muss an aufgehende Bauteile 15 cm hochgeführt und verwahrt werden. Ist das – wie z.B. bei Terrassentüren – nicht möglich, ist davor eine Entwässerungsrinne mit Anschluss an die Regenentwässerung einzurichten.

■ Zwischen Nutzbelag und Abdichtung ist eine Schutzschicht vorzusehen.

Wichtig: Die Balkonabdichtung muss an den balkonumgebenden Bauteilen mindestens 15 cm über die Abdichtung hochgeführt und verwahrt werden – verwahrt heißt: mit einem Abschluss versehen, damit Regenwasser nicht hinter die hochgeführte Abdichtung laufen kann. Ist ein Hochführen – zum Beispiel bei Balkontüren oder

Abdichtungen gegen von außen drückendes Wasser und aufstauendes Sickerwasser

Hier geht es um alle Bauwerksabdichtungen, umgangssprachlig wegen der Farbe der Bitumenprodukte „schwarze Wanne" genannt. Aber neben Bitumenprodukten werden auch zugelassene Kunststoff-Dichtungsbahnen verwendet. Alle müssen dicht am Baukörper anliegen. Im Bereich des Fußbodens kein Problem, da auf Unterbetonboden und Abdichtung der Kellerfußboden betoniert wird und dadurch genügend Last vorhanden ist. Anders sieht das bei den Kellerwänden aus, wo ein Vormauerwerk gegen die Dichtungsbahn gemauert werden muss, damit sie dicht am Baukörper anliegt. Wichtig: Im Eckbereich dieses Schutzmauerwerks und in einzelnen Abschnitten des Mauerwerks müssen trennende

Fugen eingearbeitet werden. Nur dann, wenn das Schutzmauerwerk gleichsam aus einzelnen Tafeln besteht, wird es bei Verfüllung der Baugrube dicht an die Dichtungsbahn gedrückt. Bei einem durchgehenden Mauerwerk wäre das nicht möglich.

Das Vormauerwerk schützt auch die Dichtungsbahn, die so bei Verfüllung der Baugrube nicht durch spitze Steine und andere im Füllboden etwa vorhandene scharfkantige Materialien verletzt werden kann.

Bauwerksabdichtungen sind ein kompliziertes Kapitel und leider fehlerträchtig. Diese negative

Bodenabdichtung (1), Wandabdichtung (2), Trennfuge (3), Schutzmauerwerk (4)

Erfahrung kann jeder Bauherr bei der Planung einer Vollunterkellerung machen. Ein Fallbeispiel: Der Keller soll 1.67 m tief in den Boden reichen. Im Baugrundgutachten steht: Höchster Grundwasserstand nur vier Zentimeter unterhalb der Unterkante der Sohlplatte, Boden mit einem Wasserdurchlässigkeitsbeiwert von $k = 0,0008$ m Versickerung pro Sekunde, also weniger durchlässiger Boden. Das hat die Architektin leider nicht sorgfältig gelesen und deshalb bei der Planung nicht berücksichtigt. Die Baufirma hat zwar bemerkt, dass der höchste Grundwasserstand sehr dicht an der Sohlplatte liegt, aber nicht gehandelt. Die Folge: Das Gebäude ist rohbaufertig, die Baugrube um das Haus bereits mit Boden verfüllt, da dringt Wasser seitlich und von unten durch die Bodenplatte. Was ist passiert?

Ausgerechnet während der Bauphase war der Grundwasserstand durch erhebliche Niederschläge – das soll ja vorkommen – 18 cm höher als der bisher gemessene Grundwasserstand. Die Architektin hat nicht berücksichtigt, dass die Bauwerksabdichtung in jedem Fall mindestens 30 cm über den gemessenen Grundwasserstand zu führen ist und dass ein weniger durchlässiger Boden, wie im Baugrundgutachten festgestellt, nach einer Abdichtung für aufstauendes Sickerwasser verlangt. Es hätte also – schon vom ho-

hen Grundwasserstand hier – eine Abdichtung gegen drückendes Wasser geplant werden müssen.

Bitter für den Bauherrn: Erneuter Aushub des Bodens rund ums Gebäude und Bau einer „schwarzen Wanne" mit anschließender Verfüllung der Baugrube. Sanierungskosten für erneu-

Die Abdichtung hat versagt: Wasser und Erde sind durchs Kellermauerwerk eingedrungen

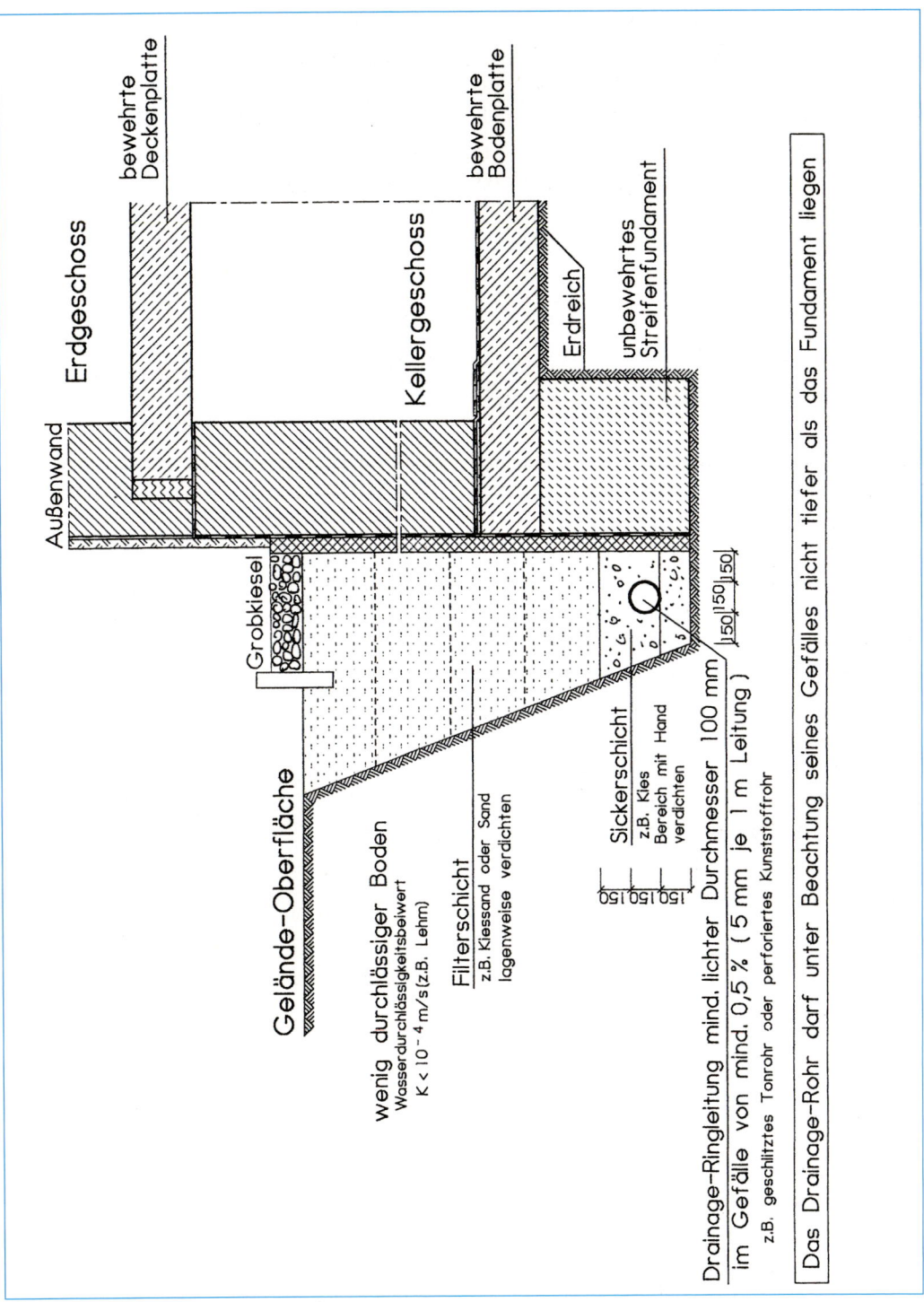

Querschnitt einer Ringdrainage

ten Bodenaushub und -verfüllung, Aufsägen des Außenwandmauerwerks für die „schwarze Wanne" sowie zusätzlichen Beton auf der Bodenabdichtung der Sohlplatte: 13.700 €. Die Kosten musste die Haftpflichtversicherung der Architektin übernehmen. Aber die Bauzeit verlängerte sich um fünf Wochen, immaterieller und doch ärgerlicher Schaden.

Wann sind Drainagen wichtig? Drainagen sind Entwässerungssysteme unter dem Gebäude oder ringsum und nach DIN 4095 geregelt. Sie sollen Niederschlagswasser dann aufnehmen und ableiten, wenn sich dies wegen der Bodenbeschaffenheit aufstauen kann. Das Haus muss aber von stauendem Sickerwasser frei gehalten werden, da es einen hydrostatischen Druck ausüben kann.

Ein Drainagesystem, auf Seite 47 dargestellt am Beispiel einer Ringdrainage, besteht aus mehreren Komponenten – der Sickerschicht, einer Filterschicht, den Drainagerohren, dem Sammelschacht und der Versickerungsanlage. Die Rohre werden so im Boden verlegt, dass die Leitungen in Höhe der Fundamente einen geschlossenen Ring bilden. Achtung: Bei einem Gefälle von mindestens 0,5 cm auf einen Meter Rohrlänge dürfen sie nicht tiefer als das Fundament liegen. Der Bauplaner muss deshalb auf die erforderliche Fundamenttiefe achten.

Gut wirksame Drainagerohre sind perforierte oder geschlitzte Rohre zur Aufnahme des Wassers mit einem lichten Mindestdurchmesser von zehn Zentimetern. Sie können aus Kunststoff, Steinzeug, Beton oder Ton bestehen und werden in eine 15 cm um das Rohr erforderliche filterstabile Sickerschicht gebettet. Diese Schicht besteht aus Kies, Kiessand und/oder einer Geotextilie. Filter- und Sickerschichten sollen das Eindringen von schlämmenden Bestandteilen, wie bei lehmigen oder tonhaltigen Böden vorhanden, in die Drainagerohre verhindern. Das sich sonst anstauende Wasser wird durch die Sickerschicht in das Rohrleitungssystem der Ringdrainage ein- und zum Sammelschacht und zur Versickerungsanlage weitergeleitet.

Die Lektion aus der Kostenfalle Abdichtungen gegen von außen drückendes Wasser und aufstauendes Sickerwasser:

■ Dichtungsbahnen an Wänden mit Vormauerwerk schützen.

■ Dichtungsbahnen bis 30 cm über den höchsten Grundwasserstand führen, mit Abdeckschiene sichern.

■ Bei Böden mit stauendem Sickerwasser ist die Abdichtung bis 30 cm über die geplante Geländeoberkante zu führen und mit Abdeckschiene zu sichern.

■ Vormauerwerk durch Fugen in einzelne Tafeln aufteilen, so dass es sich bei Verfüllung aufgrund des Erddrucks eng an die Dichtungsbahnen anpresst.

Wandmaterial für Außenwände

Außenwände sollen stemmen und schützen. Die eigene Last tragen, dazu die von Decken und Dach. Vor Hitze, Kälte und Wind schützen und für ein angenehmes Raumklima sorgen. Welche Materialien können das leisten? Für Wärme dämmende Außenwände werden vorwiegend Ziegelbaustoffe verwendet, zum Beispiel Hochlochziegel oder Porenbetonstein, früher als Gasbeton geläufig. Aber auch Steine aus Blähtonmaterialien kommen zum Einsatz, oder weniger Wärme dämmende Baustoffe wie Kalksandstein und Beton. Diese erhalten dann außen noch eine Wärmedämmschicht gegen Wärme und Kälte. Weniger gut dämmende Baustoffe haben eine höhere Rohdichte und damit weniger Hohlraum- oder Porenanteil. Der mindert zwar die Wirksamkeit der Wärmedämmung, dafür können Baustoffe mit zunehmender Rohdichte höhere Lasten tragen. Sie sind auch schwerer als gut Wärme dämmende Baustoffe.

Der Bauherr lässt von seiner Baufirma einen Rohbau mit Hochlochziegeln erstellen. Die Außenwände sind entsprechend den Vorgaben des Architekten und Statikers 36.5 cm dick. Außen ist Verputz und Fassadenanstrich vorgesehen.

Nach dem ersten Winter wundert sich der Bauherr über die Heizkosten. Sie sind höher als gedacht und vom Architekten im Energiebedarfsausweis errechnet. Ein Bausachverständiger wird hinzugezogen und prüft die Wärme dämmende Hülle des gesamten Gebäudes. Fenster, die Dämmung auf der Sohlplatte und im Dachbereich können als Ursache ausgeschlossen werden.

Es werden Materialproben der Hochlochziegel entnommen, geprüft und analysiert. Das Ergebnis der Materialprüfung: der verwendete Hoch-

HLZB bedeutet Hochlochziegel mit Lochung B (1), 4 steht für Steinfestigkeitsklasse (2), 0,65 für Rohdichte in kg pro cdm (Kubikdezimeter) (3), 12DF für das Steinformat (4), T12 für Wärmeleitfähigkeit (5), DIN V105 für die Ziegelnorm (6), Z17.1-698 für die Zulassungsnummer (7)

lochziegel entspricht nicht den wärmetechnischen Anforderungen aus dem Energiebedarfsausweis. Er kann Lasten gut abtragen, hat jedoch keine ausreichende Wärme dämmende Funktion.

Das Haus ist fertig und bewohnt, am falschen Ziegel nichts zu ändern. Und auch nicht am Ärger des Bauherrn, der nun vor Gericht zieht und mit einem gerichtlich bestellten Sachverständigen in einem langwierigen Verfahren eine Verurteilung der Baufirma erreicht. Sie bekommt die Auflage, den Mangel zu beheben. Das heißt: Putz runter, auf alle Hausfassaden eine zusätzliche Wärmedämmung als Wärmedämmverbundsystem, dann erneut der Fassadenputz.

Für die nachträgliche Fassadendämmung, Fassadenputz und -anstrich, Gerüstbau und neue Fensterbänke fallen 14.640 € an. Glück für den Bauherrn, der nur wochenlange Arbeiten am Haus erdulden muss, aber die Kosten der Baufirma überlassen kann. Was aber, wenn die Baufirma in der Zwischenzeit Pleite gemacht hätte?

Die Lektion aus der Kostenfalle Wandmaterial für Außenwände:

■ Außenwände nehmen den größten Flächenanteil an der Wärme dämmenden Gebäudehülle ein und haben wegen steigender Energiepreise zunehmende Bedeutung im Hinblick auf ihr Wärme dämmendes Verhalten. Bei Auswahl der falschen Materialqualität bei Ziegeln können jährlich bis zu 300 € an zusätzlichen Heizkosten anfallen.

■ Die Auswahl der Baustoffe in der Planungsphase sollte dem Architekten in Verbindung mit dem Statiker überlassen bleiben. Eine Kontrolle der dann gelieferten Wandbaumaterialien durch die Bauüberwachung ist notwendig. Deshalb sollte der Bauherr die Verpackungsfolie mit dem Aufdruck aufheben oder zumindest fotografieren. Dort stehen die Angaben über Druckfestigkeit, Rohdichte und Aussagen zu Wärme dämmenden Eigenschaften – siehe Foto Seite 49.

Wärmebrücken bei Außenwänden

Außenwände sollen im Winter die Wärme im Haus halten und im Sommer mit einem angenehmen Klima vor Hitze schützen. Deshalb müssen Wärmebrücken vermieden werden. Das Haus soll sich im Sommer nicht aufheizen und Wärme im Winter nicht in kalte Bereiche abfließen lassen. Wärmebrücken deuten auf Mängel in der Bauausführung hin. Sie müssen rechtzeitig erkannt und beseitigt werden, denn Wärmebrücken bedeuten im Winter Energieverlust auf Gebäudelebenszeit. Und der Bauherr bezahlt die Zeche. Nur durch gezielte Kontrollen eines Bauüberwachers können Fehler aufgedeckt und Heizenergiekosten gespart werden.

Der Bauherr hat seinen Sachverständigen mit der Abnahme des Rohbaumauerwerks beauftragt. Die Außenwände wurden als Porenbetonmauerwerk (früher Gasbetonmauerwerk) mit einer Wandstärke von 36,5 cm hergestellt. Diese Wärme dämmenden Wände benötigen keine weiteren Wärme dämmenden Schichten.

Der Sachverständige staunt: Die Baufirma präsentiert ihm ein Außenwandmauermerk mit offenen Fugen, durch die man blicken kann. An den Porenbetonsteinen sind größere Abplatzungen sichtbar. Der Stein hat an dieser Stelle daher nicht seine volle Materialstärke. Außerdem wird das Außenmauerwerk durch die verzahnten Innenwände aus Kalksandstein in seiner Wärme dämmenden Eigenschaft geschwächt, denn es ist an den Verzahnungen dünner und erreicht auch hier nicht seine volle Materialstärke.

Mehr noch: Die 20 cm tief in die Außenwände eindringenden Innenwände haben aufgrund ihrer Materialdichte deutlich schlechtere Wärmedämmeigenschaften, so dass an dieser Stelle nicht 36,5 cm dämmenden Porenbetonmauerwerk schützt, sondern nur noch eine Wandstärke von 16.5 cm. Das widerspricht dem vom Planer erstellten Wärmeschutz.

Je mehr Wärmebrücken, desto höher die Heizenergieverluste. Fällt das bei der Abnahme nicht auf, ist die Baufirma fein raus und der Bauherr wundert sich über seine Heizkosten.

Der Sachverständige verweigert diese Abnahme wegen der baulichen Wärmebrücken und verlangt eine Mängelbeseitigung. Abplatzungen und offene Fugen werden mit Porenbetonreparaturmasse ausgefüllt. Die in die Außenwand ragenden Kalksandsteine der Innenwände werden entfernt und an den Verzahnungen durch Porenbetonsteine ersetzt. Innen- und Außenwände werden mit Flacheisen aus Edelstahl verbunden. Die Kosten, 1.240 €, trägt die Baufirma.

Die Lektion aus der Kostenfalle Wärmebrücken:

Heizenergieverluste in Wärme dämmenden Außenwänden werden vermieden, wenn

■ alle Fugen der Außenwand dicht geschlossen sind,

■ eventuelle Abplatzungen an der Außenwand mit Reparaturmasse innen und außen planeben geschlossen werden,

■ Außenwände nicht durch unsachgemäße Verzahnung mit schlecht dämmenden Innenwänden geschwächt werden,

■ dämmende Außenwände mit gleichen Materialien errichtet werden und die im Mauerwerk verwendeten Fensterstürze (Träger) zum Mauerwerksmaterial passen (die Hersteller von Porenbeton, Hochlochziegeln und anderen Materialien haben in ihren Lieferprogrammen stets die zum Wandmaterial passenden Träger),

■ die im Wärmeschutznachweis errechneten Außenwandmaterialien hinsichtlich ihrer Wärme dämmenden Eigenschaften auch verwendet werden.

Wandanschlüsse im Dünnbettmauerwerk

Der Maurer mauert zwar noch, aber er mörtelt nicht mehr oder nur noch selten. Er arbeitet mit Hochlochziegeln, Porenbetonsteinen und anderen Materialien im so genannten Dünnbettverfahren. Die klassischen Lagerfugen aus Mörtel von 12 mm Dicke sind hier Vergangenheit. Stattdessen gibt es nur eine gerade mal 1 mm dünne

Klebefuge. Schlecht maßige, also nicht genau passende Steine können dann nicht mehr ausgeglichen werden, wie es bei Mörtel noch möglich war. Deshalb werden Steine mit hoher Passgenauigkeit verwendet.

Der Bauherr lernt: Auf den Lagerfugen steht der

Mauerwerksverbinder aus Edelstahl in der Lagerfuge als Flachstahlanker, in der Bauphase hochgebogen

Mauerwerksverbinder bei Trennwandanschlüssen in Stumpfstoßtechnik

Stein und wird mit dem Mauerwerk darunter verklebt. Stoßfugen dagegen verbinden die nebeneinander stehenden Steine, beim Dünnbettverfahren meist durch eine am Stein profilierte Verzahnung.

Alles längst Routine. Trotzdem fallen dem Bauherrn noch während der Bauphase merkwürdige Risse am Mauerwerk auf. Sie treten dort auf, wo im Obergeschoss Innenwände auf die äußere Giebelwand stoßen und sind durch den bereits aufgebrachten Putz auf beiden Seiten der Wand in den Eckbereichen deutlich sichtbar. Die Baufirma versucht ihren Auftraggeber ruhig zu stellen: Der Dachstuhl arbeite eben noch, Risse wären dann normal, und das Problem dürfte sich bald von selbst erledigen.

Der Bauherr, misstrauisch, lässt einen Sachverständigen kommen, dem die Baufirma erzählt, dass die Innenwand korrekt mit der Außenwand verbunden sei. Das glaubt der Bausachverständige nicht. Er lässt den Putz entlang der Risse auf beiden Wandseiten öffnen, und siehe da: alle Steine der Innenwand stoßen stumpf gegen die Giebelwand, anstatt sich mit ihr zu verzahnen. Die Baufirma gibt nicht auf: Die einzelnen Lagerfugen, beteuert sie jetzt, wären durch Edelstahlschienen, so genannte Flachstahlanker, miteinander verbunden. Das ist eine durchaus gängige und zulässige Praxis, um bei stumpf anstoßenden Querwänden eine Verbindung mit dem Mauerwerk der Außenwand herzustellen.

Und woher dann die Risse? Eine Kontrolle durch Öffnen des Mauerwerks ergibt: Nicht eine einzige Lagerfuge ist mit dem Wand verbindenden Flachstahl ausgerüstet worden – eine böse Irreführung des Kunden.

Der ordnet Sanierung an. Die Verbindungsstellen beider Wände sind in voller Höhe freizulegen, die Querwand stückweise heraus zu brechen, Flachstahlanker in jeder Fuge einzusetzen, das Mauerwerk wieder zu schließen und Putz beidseitig erneut aufzubringen.

Ohne den Bausachverständigen wäre der Pfusch nicht aufgeflogen, die Rissbildung im schlimmsten Fall erst nach Ablauf der Gewährleistung aufgetreten. Dann hätte die Sanierung, aus der Tasche des Bauherrn bezahlt, mindestens 1.100 € gekostet.

Die Lektion aus der Kostenfalle Wandanschlüsse im Dünbettmauerwerk:

■ Bei Mauerwerk in Dünnbettverfahren mit Stumpfstoßtechnik sind die Wandverbindungen mit Flachstahlankern aus Edelstahl (V4A-Stahl) herzustellen. Die Anzahl der Anker richtet sich nach der Bemessung durch den Statiker. Es sollte jedoch mindestens 1 Flachstahlanker in jeder Lagerfuge eingelegt werden. Außerdem müssen Stahlanker rechtzeitig im Mauerwerk dort eingelegt werden, wo später die aufzumauernde Querwand aufstößt.

■ Flachanker aus rostfreiem Edelstahl sind in der Regel 0.75 mm dick, 22 mm breit und 300 mm lang. Sie müssen so in die Lagerfuge eingelegt werden, dass sie 15 cm in jede Wand hineinragen können.

■ Mauerwerk im Dünnbettverfahren benötigt Steine mit hoher Maßgenauigkeit bei der Steinhöhe. Diese Plansteine dürfen bei gleichem Format nur Höhenabweichungen bis 1 mm haben.

Horizontale Risse im Mauerwerk unter Betondecken

Die Sonne bringt es an den Tag: Zwei Jahre nach der Fertigstellung des Eigenheims entdeckt der Bauherr an der Längsseite der Fassade einen Riss im Außenputz – und was für einen. Er zieht sich der Länge nach über die gesamte Fassade und ist in einer Höhe knapp unterhalb der Erdgeschossdecke im hellen Licht deutlich erkennbar, zumal die Fassade hellgelb gestrichen ist.

Aufgeschreckt geht der Bauherr ums Haus und entdeckt identische Schäden auch an den anderen Außenwänden. Nur an den beiden Giebelseiten zeichnen sie sich nicht ganz so deutlich ab.

Ein vom Bauträger beauftragter Subunternehmer hat den Außenputz angebracht. Nun schiebt eine Firma die Schuld auf die andere. Nur dem Bauherrn gegenüber behaupten sie, fest untergehakt, dass Risse ja nicht gleich einen Gebäudeeinsturz bedeuteten, höchstens optisch lästig und auf größere Entfernung kaum noch zu sehen seien. Jeder Bauherr wird die Erfahrung machen, dass Handwerker bei mündlichen Mängelanzeigen eine ausgefeilte Rhetorik entwickeln, in deren Mittelpunkt meist das Ziel Zeitgewinnung steht. Viele Bauherren lassen sich von solchen abwiegelnden Gesprächen hinhalten, bis die Gewährleistung abgelaufen ist.

Dies ist hier der Fall. Der Hausherr, der nunmehr im Regen steht, möchte zumindest wissen, was passiert ist. Der beauftragte Bausachverständige kann die Frage nach der Ursache schnell beantworten. Das Eigenheim ist mit Hochlochziegeln errichtet, ein geläufiger und oft verwendeter Baustoff. Die auf den Ziegelwänden liegende Decke wurde als Ortbetondecke hergestellt. Bei Ortbeton wird pumpfähiger Beton angeliefert und die Decke gegossen. Auch das üblich und häufig verwendet.

*Auf den Hochlochziegeln fehlt
die Trennlage zur Betondecke*

Aber das Wasser aus dem frischen Beton verdunstet, dieser erstarrt und erhärtet – der Fachmann spricht vom Schwinden des Betons: Es
geht um eine Verkürzung des Bauteils in Länge,
Höhe und Breite. Bei einer Deckenlänge wie
hier von 11 m kommt es bei einer Verkürzung
von 0.4 mm pro Meter zu einer Deckenverkür-
zung von 4,4 mm.

Alles bekannt und für Fachleute kein Problem –
falls kein Pfusch am Bau vorliegt. Der Bauherr
erfährt, dass vergessen wurde, eine Lage Bitumenbahn zwischen Deckenbeton und Mauerwerk einzubauen. Sie verhindert Rissbildungen
als Folge von Betondeckenverkürzungen und
trennt den Deckenbeton vom Mauerwerk, die dadurch keine Verbundwirkung haben.

Deckenbeton kann sich so durch Schwinden verkürzen, ohne das Mauerwerk mitzureißen. Das
geschilderte Problem des gerissenen Mauerwerks, nach außen hin nur als Putzriss sichtbar,
entsteht dann erst gar nicht. Der Bauherr hatte
sich hinhalten lassen und blieb auf den Sanierungskosten von 4.820 € für Gerüst und Fassade
sitzen.

Die Lektion aus der Kostenfalle Risse im Mauerwerk:

■ Decken vom Mauerwerk trennen: Je besser
sich beides verbinden kann, umso wahrscheinli-
cher sind Horizontalrisse. Bei Mauersteinen mit
Löchern wie Hochlochziegeln oder Kalksandstein sind die verhängnisvollen Folgen durch das
Einlaufen von Beton in die Mauersteine noch in-
tensiver. Eine Lage Bitumenbahn gehört bei jedem Wandbaustoff unter die aus Ortbeton herge-
stellten Decken. Architekt oder Bauüberwacher
müssen das kontrollieren.

■ Endlosdiskussionen mit Baufirmen über
Mängelbeseitigungen durch schriftliche Mängelanzeigen mit Mängelbeseitigungstermin be-
enden. Eine Mängelbeseitigungsfrist von 14 Tagen ist angemessen.

■ Mindestens acht Wochen vor Ablauf der Ge-
währleistungsfrist sollte das Haus noch einmal
inspiziert werden, möglichst mit einem Bausachverständigen. Gewährleistungen nach BGB
fünf Jahre, nach VOB vier. Die Zeit geht rum!

Luftströmungen im Mauerwerk

Der Bauherr sitzt im neuen Heim, und es zieht. Sein schönes Haus steht freistehend auf einer kleinen Anhöhe, aber wenn der Wind weht, und er weht oft, strömt in Frühling, Herbst und Winter kalte Luft ins Haus. Der Bauherr rätselt: Die Fenster sind dicht, die Jalousien – durch Elektromotoren angetrieben und von Wandtastern gesteuert – funktionieren einwandfrei. Liegt es an den Leichthochlochziegeln?

Drei Monate nach dem Einzug, an einem besonders windigen Tag, spürt der Bauherr einen deutlichen und empfindlich kalten Luftstrom an der Steckdose im Wohnzimmer. Aufgeschreckt geht er mit einer Kerze auf Spurensuche – mit Erfolg. Es zieht so stark durch die Steckdosen, dass die Kerzenflamme durch den Luftzug ausgeblasen wird. Ähnliche Erfahrungen macht der Bauherr an einigen Lichtschaltern, im Erdgeschoss ebenso wie in der oberen Etage. An den Steckdosen der Außenwände zieht es stärker als an denen der Innenwände, außerdem kommen dem Bauherrn die Innenseiten der Außenwände kalt vor. Er bestellt einen Bausachverständigen, und der setzt seine Wärmebildkamera ein. Auf den Infrarotbildern sind die kälteren Temperaturen der Bauteil grün bis blau dargestellt, die wärmeren gelb bis rot. Mit dieser speziellen Technik werden die Fassaden aufgezeichnet. Das Ergebnis: Viel grün, viel blau. Kalte Luftströmungen sind erkennbar. Was ist passiert?

Leichthochlochziegel haben durchgehende vertikale Öffnungskammern. Mit solchen Ziegeln wird das so genannte Dünnbettmauerwerk hergestellt, eine gängige und zugelassene Verarbeitungstechnik. Dabei wird der Ziegel jeweils mit der Unterseite in einen Mörtelkleber getaucht. Das reicht aus, um ihn an der darunter liegenden Ziegel-

schicht fest haften zu lassen. Eine Dickbett-Mörtelfuge zwischen den Schichten gibt es also nicht mehr. Die Kammern der aufeinander geschichteten Ziegel ergeben einen übereinander verbundenen Hohlraum – praktisch ein Röhrensystem.

In den Hochlochziegeln ist auch das Leerrohrsystem für die elektrischen Leitungen verlegt worden. Auch die Elektromotoren in den Rollkästen der Jalousien sind an dieses System angeschlossen.

Hier ist das Schlupfloch für den Wind. Durch die Außenschlitze in den Jalousiekästen kann er ungehindert in die Rollkästen eindringen und sich über die Leerrohrsystem in den miteinander verbundenen Leithochlochziegeln verbreiten. Die Ziegelkammern beschleunigen – wie die Röhren in einem Schornstein – den Luftzug. So kommt es zum unangenehmen Windaustritt im Bereich von Steckdosen und Schaltern. Die kalten Außenwände bescheren dem Hausherrn erhöhte Heizkosten – kleine Ursachen, große Wirkung.

Die Lektion aus der Kostenfalle Kaltluftströme im Mauerwerk:

■ Alle nach außen befindlichen Wandöffnungen wie Anschlüsse an Rollkästen, Außensteckdosen oder außen liegende Schalter sind dicht zu verschließen. Bei den Rollkästen ist der Leerrohranschluss, nachdem die Elektroleitung eingefädelt worden ist, ebenfalls dicht zu machen.

■ Kaltluftströmungen können aber auch ohne das Leerrohrsystem auftreten. Praktische Abhilfe schafft Vliesmaterial, das zwischen zwei Ziegelschichten eingebettet wird. Das Vlies muss jedoch alle Außen- wie Innenwände umfassen.

Unterschiedliche Wandbaustoffe in einer Porenbetonwand

Der Bauherr hat bei seiner Baufirma ein Eigenheim mit Wänden aus Porenbeton bestellt. Dieses Mauerwerk wird im so genannten Dünnbettverfahren hergestellt. Nichts gegen diese bewährte Mörtelklebetechnik, wenn der Bauträger nicht ans Sparen dächte. Porenbeton über Fenstern-, Fenstertüren und Haustüren ist preisintensiver als Ziegelträger. Die tun es auch, dachte sich der Bauträger, denn sie tragen Lasten über dem Fenster genau so sicher. Gedacht, getan. Dann der Putz innen und außen aufs Mauerwerk gebracht, und der Bauherr freut sich – bis zum zweiten Winterhalbjahr.

Materialmix: Porenbetonsteine und Ziegelstürze über den Fenstern gehören nicht zusammen

Da zeigen sich plötzlich Risse im Außenputz, genau im Bereich der Ziegelstürze. Sie zeichnen den Verlauf der Träger nach, und der Bauherr sucht den Dialog mit dem Bauunternehmer. Der verliert sich in Wortgefechten und verbalen Darstellungen. Immer wieder lässt sich der Bauherr mit beruhigungstaktischen Maßnahmen abspeisen, der Schaden wird als letztlich als Putzmangel abgetan. Der Bauherr hat sich halbherzig gewehrt, und plötzlich ist die Gewährleistung abgelaufen.

Der Bauherr bittet eine andere Baufirma, den Mangel zu beseitigen. Die Risssanierung gelingt, hinterlässt aber hässliche Spuren auf dem Fassadenputz. Sanierung, Gerüste und erneuter Fassadenanstrich kosten 4.230 €.

Was ist passiert? Unterschiedliche Steinmaterialien wie Porenbeton, Ziegel, Beton, Kalksandstein und andere haben auch unterschiedliche Eigenschaften hinsichtlich ihrer Längenänderungen. Die resultiert aus Feuchte- und Wärmeeinflüssen, denen hauptsächlich die Außenwände ausgesetzt sind. Klimaänderungen durch Luft-

feuchtigkeit und Temperatur dehnen Baustoffe aus oder verkürzen sie. Kein Problem, wenn beim Hausbau gleiche Baustoffe verwandt werden. Mischt sich aber ein Baustoff mit dem anderen, ergeben sich Spannungen aus den unterschiedlichen Längenänderungsverhalten, die der Putz nicht mehr aufnehmen kann. Er reißt unmittelbar am Übergang von einem zum anderen Material. Gerade im Winter, wenn sich Wandbaustoffe wie Putzmaterial durch niedrigere Temperaturen zusammenziehen, vergrößern sich die Risse. Die sind auch im Sommer zu sehen, aber dann durch die milderen Temperaturen nicht so ausgeprägt.

Die Lektion aus der Kostenfalle unterschiedliche Wandbaustoffe:

■ Es muss immer gleiches Wandmaterial verwendet werden. Keinen Materialmix zulassen.

Offene Mauerfugen in Kelleraußenwänden

Wasser marsch! Leider marschiert es beim Bauherrn in den Keller, und der Bauträger, fit in abgelaufenen Terminen, weist den Anrufer gleich mal auf die verstrichene Gewährleistung hin.

Der Bauherr versucht herauszufinden, was eigentlich passiert ist. Normalmauerwerk, das weiß er, besteht aus einzelnen Steinen, die mit Mörtel verbunden sind.

Sie können aber auch im Dünnbettverfahren in eine Klebemasse getaucht und aufeinander gesetzt und in der Waagerechten durch ein Nut- und-Feder-System, bei dem die Steine ineinander greifen, ohne Mörtel miteinander verbunden werden.

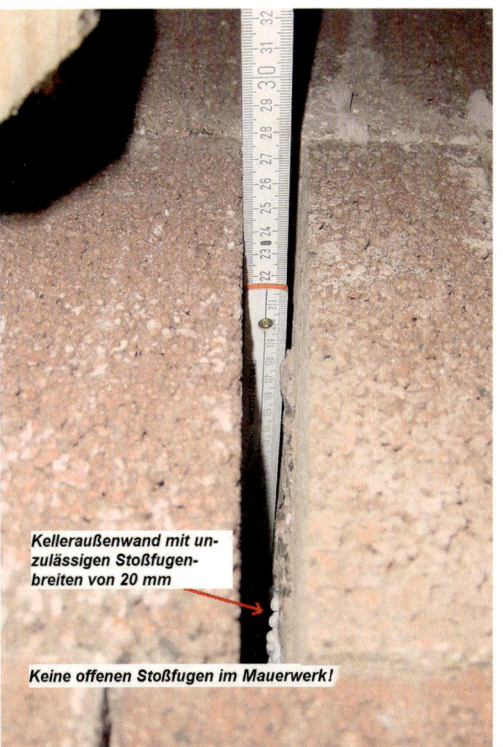

Kelleraußenwand mit unzulässigen Stoßfugenbreiten von 20 mm

Keine offenen Stoßfugen im Mauerwerk!

Bei beiden Methoden kein Problem, so lange keine offene Fugen entstehen, weil bei den nebeneinander stehenden Steinen entweder Mörtel vergessen wurde oder die Steine nicht eng ineinander greifen.

Eigentlich kann da nichts falsch gemacht werden – wenn der Maurer nicht schläft. Dann entstehen offene Stoßfugen. In diesem Fall sind sie 20 mm breit. Die Hohlräume verschwinden hinter dem Ausgleichsputz und der anschließend aufgetragenen Bauwerksabdichtung, da der Keller gegen Feuchte geschützt werden muss. Aber der Schaden ist vorprogrammiert. Putz und Abdichtung reißen im Bereich der offenen Stoßfugen und machen dem Wasser Platz.

Der Bauherr musste sein Haus an den betroffenen Stellen aufgraben, die offenen Stoßfugen und die Abdichtung instand setzen lassen. Der Pfusch der Baufirma kostet ihm wegen des verstrichenen Gewährleistungstermins 2.890 €.

Die Lektion aus der Kostenfalle offene Mauerfugen:

■ Beim Nut-Feder-System dürfen keine Lücken entstehen, sondern die Steine müssen voll ineinander greifen.

■ Bei Normalmauerwerk ist eine Mörtelfuge aufzutragen, die für die waagerechte Verbindung der Steine sorgt. Die Steine sind dicht aneinander zu reihen, damit der darauf angebrachte Putz und die Bauwerksabdichtung Rückenhalt haben und keine Hohlräume dahinter liegen. Dies führt zu Rissen und einem möglichen Wassereinbruch im Keller.

Überbindemaße von Ziegelschichten

Starke Kräfte wirken auf die Wände des Eigenheims ein, Druck und Schub, Zug und Biegezug. Deshalb muss das Mauerwerk im so genannten Mauerverband hergestellt werden – nicht Fuge auf Fuge, sondern versetzt. Nur der gewährleistet eine sichere Übertragung dieser Beanspru-

Statt Fuge auf Fuge zu mauern, hätten die Steine zueinander versetzt werden müssen - in DIN 1053-1 geregelt

Kalksandstein   Porenbeton

Anschluß einer Kalksandsteinwand an eine Porenbetonwand ohne Mauerwerksverbinder und Fuge über Fuge hergestellt, Risse vorprogrammiert

chungen durch Deckenlasten, Dachkonstruktion, Setzungen oder äußere Einflüsse wie Wind und Temperaturänderungen. Mauerverband und Überbindemaße, die vorschreiben, wie die Stei-

ne zueinander versetzt werden, sind durch DIN 1053-1 im Abschnitt 9.3 geregelt. Das nützt nichts, wenn die Baufirma nicht nachliest und Stoßfuge über Stoßfuge mauert. Das Ergebnis ist vorhersehbar.

Der Bauherr entdeckt auf beiden Seiten einer Außenwand senkrechte Risse, außen im Putz und innen an der Tapete. Die Risse hat er nicht bestellt, aber nun steht er allein auf weiter Flur. Die Baufirma, kein seltener Fall, existiert nicht mehr, und die Bauüberwachung hat sich der Bauherr gespart. Dafür zahlt er nun Lehrgeld, 1.540 € für Risssanierung, Tapeten ab, Putz ab, und alles wieder drauf.

Die Lektion aus der Kostenfalle Fuge über Fuge:

■ Mauerwerk darf niemals Stoßfuge über Stoßfuge hergestellt werden, ganz gleich, ob die Fuge vermörtelt wird oder die Steine trocken mit Nut-Feder-System ineinander gesteckt werden.

■ Das Überbindemaß beträgt mindestens das 0.4-fache der verwendeten Steinhöhe. Das heißt: Je flacher die Steine sind, umso kürzer können sie sich überlappen. Wenn die Höhe zum Beispiel 240 mm beträgt, muss das Überbindemaß, die Überlappung, bei 0.4 x 240 mm mindestens 96 mm betragen. Die Stoßfuge einer Mauerschicht muss dann mindestens um 96 mm von der Stoßfuge der zuvor gemauerten Schicht entfernt sein.

Schornstein

Ein Schornstein ist in vielen Eigenheimen fest eingeplanter Baubestandteil und sollte eigentlich keine Probleme machen. Sollte. Der Bauherr freut sich auf die Rohbauabnahme, hat aber vorsichtshalber einen Bausachverständigen mitgenommen. 10.5 m hoch ragt der Schornstein aus handmontagefähigen Fertigteilen und 1.50 m über die Dachfläche hinaus ins Freie.

Dort sind sie dem Wind ausgesetzt, und bei Sturm kann ein erheblicher Druck auf die Schornsteinflächen einwirken. Deshalb müssen sie sorgfältig gehalten, also verankert werden und dürfen nicht ins Schwanken kommen. Sonst treten Schäden auf.

Bei der Rohbauabnahme fällt dem Sachverständigen schnell auf, wo die Baufirma gespart oder was sie einfach nur vergessen hat: Es fehlt die Verankerung zum Dachstuhl. Der Schornstein ist gerade mal weit unten, an der Decke über dem Erdgeschoss, verankert worden. Hier wurde er passgenau durch eine Aussparung in der Stahlbetondecke geführt. Die hält ihn zwar fest umklammert, aber eben nur in einer Höhe von 3 m. Die restlichen 7.50 m stehen ohne Verankerung in Dachgeschoss und Dachboden frei – unmöglich.

Der Bauherr reklamiert, und die Baufirma macht sich an die Verankerung. Auf dem Dachboden werden rings um den Schornstein Stahlwinkel eingebaut, die von allen Seiten dicht anliegen und mit den Sparren der Dachkonstruktion verschraubt werden. Damit ist der Mangel beseitigt. Hätten ihn Bauherr und sein Sachverständige bei der Rohbauabnahme übersehen, wären später Mehrkosten um 600 € entstanden.

Die Lektion aus der Kostenfalle Schornstein:

■ Frei stehende Schornsteine müssen grundsätzlich am Dachstuhl verankert werden, um nicht bei starkem Wind zu schwanken.
■ Die Verankerung sollte mit Winkelstahl 50/50/5mm erfolgen, dicht am Schornstein anliegen und mit den benachbarten Dachsparren verankert werden.

Der freistehende Schornstein ist an die Dachkonstruktion zu verankern, Holzleisten wie hier sind dagegen wenig wirksam

■ Die Verankerung kann auch mit Holzbohlen im Querschnitt von 4 cm Dicke x 12 cm Breite erfolgen. Dann jedoch muss zwischen Holzbohle und Schornsteinfläche eine Brandschutzplatte gelegt werden.

Verankerung von Giebelwänden im Dachgeschoss

Giebelwände im Dachgeschoss stehen meist frei und sind Winddruck und Windsog ausgesetzt. Ohne Verbindung zu anderen Querwänden müssen sie stabilisiert werden, um nicht zu kippen.

Das erschließt sich auch dem Bauherrn, der ein Einfamilienhaus mit Erd- und ausgebautem Dachgeschoss bestellt hat und zum Glück dazu auch einen unabhängigen Bauüberwacher.

Dem fällt bei einer Baukontrolle auf, dass die Giebelwände bereits bis zur vorgesehenen Dachfirstspitze ragen, obwohl der Dachstuhl noch gar nicht aufgebaut ist und die Wände deshalb nicht verankert werden können. Obendrein fehlen über den Fensterstürzen (Trägern) in Höhe der Kehlbalken im Dachgeschoss auch die wandstabilisierenden Balken aus Stahlbeton, die normalerweise die Giebelwände halten und an denen auch die Giebelwandverankerungen angeschlossen werden müssen.

Für diesen Anschluss sind je Giebel zwei Giebelanker – praktisch flache Stähle – notwendig. Sie laufen im Abstand von zwei Metern über eine Verankerungslänge von vier Kehlbalken des Dachstuhls und können die Giebelwand nach dem Anschluss an den Stahlbetonbalken sicher halten. Dieser Stahlbetonbalken reicht über die gesamte Länge der Giebelwand, wurde aber hier von der Baufirma vergessen oder eingespart, ein Unding.

Deshalb musste das gesamte Giebelmauerwerk bis auf Höhe der Fensterstürze wieder abgerissen und der Stahlbetonbalken an beiden Giebelwänden eingebaut werden. Danach wurde der Dachstuhl errichtet und an beiden Giebeln je zwei Verankerungen als Verbindung zwischen den Kehlbalken der Dachkonstruktion und dem Stahlbetonbalken eingebaut. Erst jetzt konnten die beiden Giebeldreiecke wieder aufgemauert werden.

Ohne rechtzeitige Mängelrüge des Bauüberwachers wären bei der mangelhaften Ausführung erhebliche Schäden durch Risse an den Giebelwänden aufgetreten, und sollte der Bauherr Pech haben, erst nach Ablauf der Gewährleistung. Dann kann es zu Mehrkosten von 4.000-5.000 € kommen.

Die Lektion aus der Kostenfalle Giebelwand:

■ Giebelwände ohne Verankerung zum Dachstuhl sind instabil. Der Stahlbetonbalken aus Beton und Bewehrungseisen muss in Höhe der Kehlbalkendecke (siehe Grafik rechte Seite) eingebaut und die Giebelwandverankerungen daran befestigt werden.

■ Giebelwandverankerungen sind – anders als der Name suggeriert – 50 mm breite und 5 mm dicke Eisen aus Flachstahl. Sie werden über vier Kehlbalken mit diesen verschraubt. So ist eine Halterung über mindestens drei Kehlbalkenfelder gegeben. Der Anschluss an den Stahlbetonbalken, der die Wand stabilisiert, kann mit Dübel und Schraube vorgenommen werden. Ist die Giebelverankerung am Stahlbetonbalken und der Dachkonstruktion befestigt, können die Giebeldreiecke aufgemauert werden.

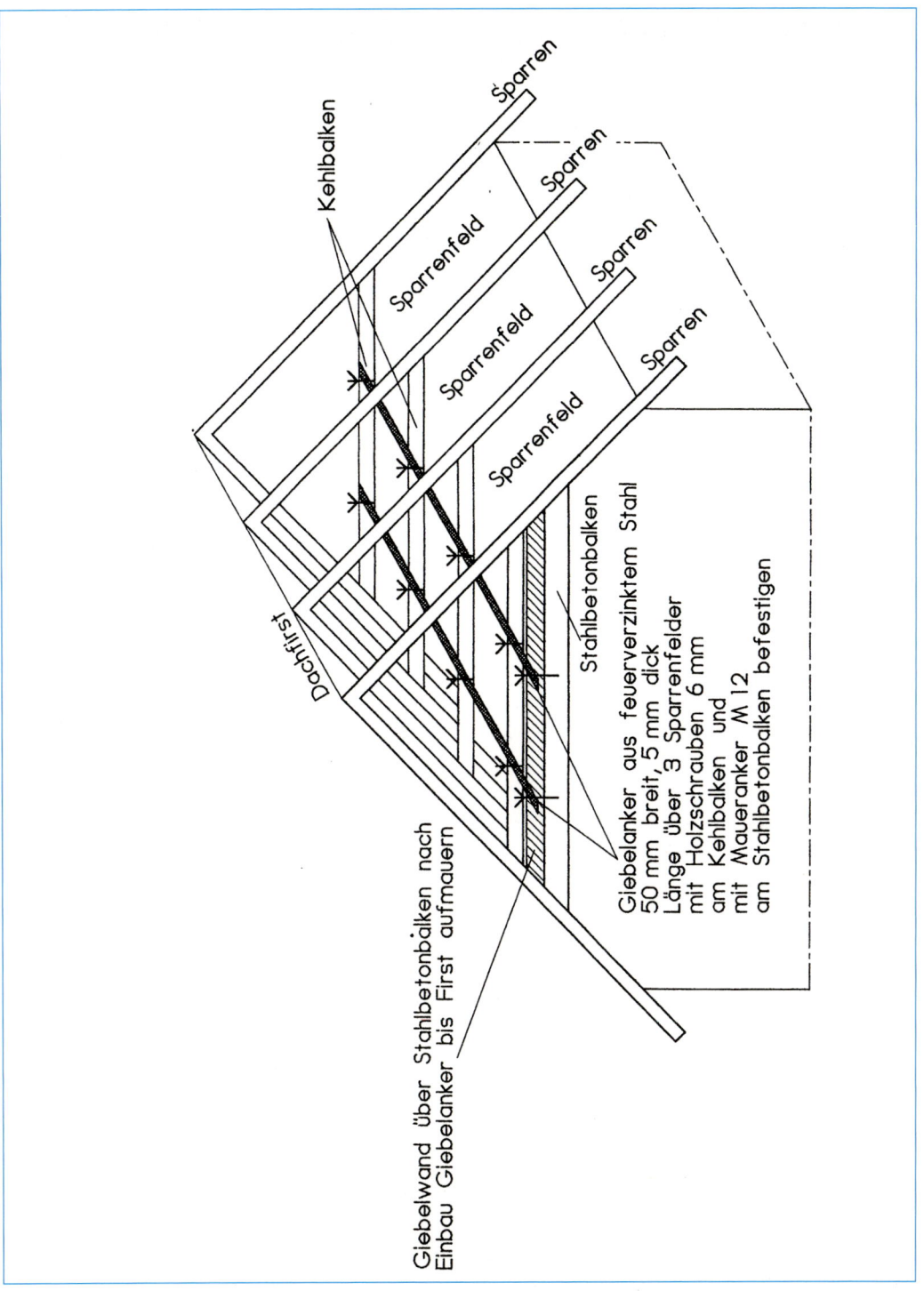

Detaildarstellung der Giebelverankerung

Wandanschluss Neubau-Altbau

Der Bauherr braucht Platz und will sein Eigenheim erweitern. Ein Gebäudeteil mit zwei Räumen soll eingeschossig an den Altbau angeschlossen werden. Keine große Angelegenheit, Wände, Satteldach und ein so genannter Ringanker, ein Stahlbetonträger, auf der Mauerkrone der drei Außenwände. Fachlich einwandfrei.

Zu Beginn der Mauerarbeiten erscheint der Bauherr mit seinem Bauingenieur als Bauüberwacher zur Kontrolle vor Ort, gerade noch rechtzeitig. Die neuen Wände stoßen stumpf gegen die Wände des Altbaus, und eine Bitumenlage ist dort als Trennung angebracht. Doch in der Fuge zwischen Altbau- und Neubauwand fehlt die Wandhalterung, die der neuen Wand an der Anschlussstelle Stabilität verleihen sollte. Die Baufirma ist mit den üblichen Ausreden zur Hand: Noch nie so gemacht, und bisher hat es mit unserer Methode keine Probleme gegeben. Aber ihr geht es natürlich nur darum, das angefangene Mauerwerk nicht wieder abreißen zu müssen.

Bei einer fehlenden Halterung kann es nicht nur zu einer erheblichen Rissbildung kommen, sondern auch die Außenwände können sich verschieben, denn die Baufirma hat die Last des Satteldachs und die auf die Fassade wirkenden Windkräfte unterschätzt oder nicht wahrhaben wollen.

Nur der rechtzeitige Einbau eines Winkelstahls an der Altbauwand kann den neuen Wänden genügend Stabilität im Bereich der Anbaufuge geben.

Die beratungsresistente Baufirma beugt sich schließlich den Argumenten des Auftraggebers, reißt das begonnene Mauerwerk ab, montiert den Stahlwinkel ans Mauerwerk des Altbaus, baut die Bitumenlage wieder ein und mauert nun die ausreichend gehaltene neue Wand gegen den Altbau. Ohne rechtzeitigen Einspruch der Bauüberwachung wären hier Schäden und Kosten von mindestens 5.000 € für die Sanierung entstanden.

Trennlage zwischen Alt- und Neumauerwerk (1), Haltewinkel zur Aussteifung des Neumauerwerks (2), Trennlage zwischen Haltewinkel und Neumauerwerk (3), Altbaumauerwerk (4), Neubaumauerwerk (Hochlochziegel)

Die Lektion aus der Kostenfalle Wandanschlüsse:

■ Neue Wände an alte stabil anschließen, damit sie durch Belastung aus Dachkonstruktionen oder Winddruck keinen Schaden erleiden. Diese Stabilisierung kann durch einen Winkelstahl, der senkrecht an der Altbauwand angeschlossen wird, erreicht werden. Ein Schenkel des Winkels ragt ins neue Mauerwerk und wird von diesem durch eine Trennlage aus Bitumendachbahn fest umschlossen.

■ Mauerwerk von Neubau- und von Altbauwänden ist grundsätzlich zu trennen. Hier muss ein senkrecht gleitender Anschluss dem Mauerwerk die eintretenden Setzungen ermöglichen. Neues Mauerwerk darf sich nicht am Altbau „aufhängen."

■ Bei Anbauten an Altbau beachten, dass die Gründung der Neubaufundamente stets auf Höhe der Unterkante des Altbaus erfolgt. Immer auf gleicher Höhe gründen, nur dann werden Schäden am Altbau durch die Last des Neubaus vermieden.

■ Bei derartigen Bauvorhaben stets Bauingenieur oder Statiker hinzuziehen.

Mängel an statisch tragenden Hölzern

Holz schmückt und erfreut das Herz des Bauherrn. Es wird nicht nur beim Dachstuhl verwendet, sondern auch für Treppen, Böden, Wände und Decken, denn es ist ein natürlicher Baustoff mit guter Festigkeit. Aber es muss auch gegen pflanzliche und tierische Holzschädlinge geschützt werden, denn Holz war einmal ein Baum und enthält Wasser.

Der Bauherr erscheint mit seinem Bauingenieur zur Rohbauabnahme. Der Dachstuhl ist seit drei Wochen errichtet und die Dachziegel verlegt. Der Bauingenieur entdeckt an den Sparren und Mittelpfetten – diese Holzträger unterstützen die Sparren – Längsrisse mit Rissweiten von 12-18 mm und -tiefen von 30 mm. Happig.

Die Sparren, 8 cm breit und 16 cm hoch, liegen auf der Mittelpfette mit 16 cm Breite und 30 cm Höhe. Rissbildungen sind auf beiden Seiten der Sparren und Mittelpfetten sichtbar, die Schnittstellen der Hölzer wurden nicht nachträglich imprägniert, und die Sparrenhölzer sind um die Längsachse verdreht. Mit diesen Mängeln wird dem Bauherrn die Rohbauabnahme angeboten.

Die Baufirma wähnt sich entschuldigt: Sie hätte das Holz so geliefert bekommen und könne also nichts dafür. Im Übrigen wären die Risse kein Problem und der Dachstuhl durch die Verdrehungen und Risse nicht einsturzgefährdet. Für eine Nachbesserung will die Firma 1.460 €. Das lässt sich der Bauherr nicht gefallen.

Wie kam es zu den Schäden? Der Bauingenieur vermutet zu feuchtes Holz und misst eine Holzfeuchte von 25-29 % – drei Wochen nach dem Einbau! Diese relativ hohen Werte lassen auf eine Holzfeuchtigkeit von etwa 35 % beim Einbau schließen: zuviel. Hölzer mit einer Holzeinbaufeuchte von mehr als 20 % dürfen nicht verbaut werden. Ebenso werden für die Bemessung der tragenden Holzbauteile durch den Statiker Holzeinbaufeuchten von maximal 18 %

Gefährliche Rissbildung im Pfettenholz (links)

als Normalfall für den Berechnungsansatz verwendet.

Hohe Holzfeuchte führt zu Trocknungsrissen. Je größer die Feuchte, umso brisanter das Problem der Trocknungsrisse: Sogar die Tragfähigkeit des Dachstuhls kann gefährdet sein. Außerdem sind Risse in solchen Größenordnungen ideale Ansatzstellen für den Angriff von Holzschädlingen. Trocknungsrisse entstehen auch später, wenn sich das Holz seiner klimatischen Umgebung angepasst hat und den Witterungsbedingungen nicht mehr ausgesetzt ist. War eine hohe Holzeinbaufeuchte vorhanden, gibt das Holz seine Feuchtigkeit in die Umgebungsluft ab, vergleichbar mit dem Trockenen von Wäsche. Die äußere Schicht des Holzes gibt die Feuchtigkeit dabei schneller ab als der Kern. So kommt es zu Spannungen und Rissbildungen.

Ist das Dach gedeckt, das Haus also allseitig geschlossen und das Holz der Witterung nicht mehr ausgesetzt, kommt es zum ersten natürlichen Trocknungsprozess. Hausbewohner und Heizung besorgen eine zweite Nachtrocknung. Je nach klimatischen Bedingungen (Temperatur und Luftfeuchte) im Haus und dem Einbau der Hölzer (bedeckt oder frei) stellen sich normale Holzausgleichsfeuchten von 10-15 % ein. Wurden aber Hölzer mit 35 % und mehr Holzfeuchte eingebaut, ist hier ein erheblicher Trocknungsvorgang in Gang gesetzt, der zu entsprechend großen Rissen führen muss.

Die Baufirma hat es obendrein versäumt, die Trocknungsrisse nachträglich zu imprägnieren. Sie hätte die Rissstellen mit einem zugelassenen Holzschutzmittel behandeln müssen. Normalerweise sind statische tragende Hölzer wie Sparren, Pfetten, Streben, Stiele etc. bei Lieferung mit einem Holzschutz gegen Pilze und Insekten versehen und können so eingebaut werden – wenn sie nicht zu feucht sind.

Beim Holzschutz wird vom Lieferanten der Hölzer das so genannte Kesseldruckverfahren angewendet, bei dem das Schutzmittel 2-3 mm in die Holzoberfläche eindringt. Wenn es aber zu großen Trocknungsrissen kommt, genügt das nicht. Die Risse müssen in ihrer gesamten Tiefe nachbehandelt werden. Das ist nicht geschehen.

Gepfuscht hat die Baufirma auch bei den Schnittstellen der Hölzer. Nachdem die Hölzer auf Länge geschnitten worden waren, hätten diese Schnittstellen nachbehandelt werden müssen, um keine Angriffsfläche für Schädlinge zu liefern.

Neben diesen Mängeln reklamiert der Bauingenieur noch Holzverwerfungen an zwei Sparren. An den Sparrenfüßen sind Verdrehungen um die Längsachse erkennbar. Dadurch haben sie sich verdreht und ruhen nicht mehr mit ihrer vollen Breite von acht Zentimetern auf dem Mauerwerk.

Drehwuchs an Hölzern kann vorkommen. Ursache sind zum Beispiel die wechselnden Lichtverhältnisse in der Baumwuchsphase, zum Beispiel, wenn benachbarte Bäume gefällt werden. Die Baumkrone dreht sich dann in Richtung der besten Lichtverhältnisse. Es kommt zum Drehwuchs.

Das Ergebnis der Reklamation: Zwei Sparren mit Drehwuchs müssen komplett ausgewechselt, die Schnittstellen und Trocknungsrisse nachbehandelt werden.

Der Bauingenieur belehrt die Baufirma, dass sie und nicht der Lieferant für eine schadenfreie Qualität der Hölzer verantwortlich ist. Ohne seine Sachkenntnis hätte der Bauherr wohl den Mehrpreis der Baufirma für die Instandsetzung akzeptiert.

Die Lektion aus der Kostenfalle Risse, Schnittstellen, Verdrehungen:

■ Trocknungsrisse an statisch tragenden Hölzern sind mit solchen Holzschutzmitteln zu behandeln, die für Wohnbereiche zugelassen sind.

■ Die Behandlung der Rissflanken muss bis in die tiefsten Rissstellen erfolgen.

■ Bei Rissen in tragenden Hölzern über 8 mm Breite und 15 mm Tiefe einen Statiker zur Begutachtung der Tragfähigkeit hinzuziehen.

■ Für den Wohnbereich zugelassene Holzschutzmittel werden durch das Gütezeichen RAL oder des Deutschen Instituts für Bauchtechnik zertifiziert und sollten als Iv + P (Insekten vorbeugend und Pilz widrig) ausgewiesen sein.

■ Jede Schnittstelle an tragenden Hölzern muss mit einem zugelassenen Holzschutzmittel behandelt werden. Diese Hölzer generell nur holzgeschützt einbauen.

■ Einbau von Hölzern mit Drehwuchs vermeiden. Drehwuchs ist vom Fachmann an der Maserung erkennbar.

Dachaussteifung

Der Bauherr blickt auf den Dachstuhl seines Hauses, auf Sparren und Kehlbalken, und lernt: Werden zwei Sparren und ein Kehlbalken zu einem Gebinde zusammengefügt entsteht ein Kehlbalkendach, Möglichkeit 1. Werden nur zwei Sparren zu einem Gebinde zusammengefügt, entsteht ein Sparrendach, Möglichkeit 2. Oder die Sparren werden ihrer Länge nach durch einen Holzbalken, Pfette genannt, unterstützt. Ein Pfettendach, Möglichkeit 3.

Jeder Dachstuhl besteht aus mehreren dieser nebeneinander aufgestellten Sparrengebinde, deren Zahl sich nach der Länge des Hauses richtet. Der Abstand dieser Sparrengebinde orientiert sich meist an der Breite der noch einzubauenden Wohndachfenster und liegt zwischen 80 und 100 Zentimetern.

Wegen der Standsicherheit müssen die Sparrengebinde durch Dachlatten und Zugbänder miteinander verbunden werden und ergeben so den Dachstuhl, der nicht nur Lasten aus Schnee und Wind trotzen, sondern auch sein eigenes Gewicht tragen soll.

Die Verbindung aller Sparrengebinde wird Dachaussteifung genannt. Die wird zum Teil von den Dachlatten übernommen. Außerdem müssen kreuzend diagonal Zugbänder eingebaut werden. Diese Windrispenbänder verhindern gemeinsam mit den Dachlatten, dass sich der Dachstuhl verschieben kann. Wie funktioniert das?

Der Bauherr macht sich ein Bild: Senkrechte Hölzer werden also mit waagerecht liegenden Latten vernagelt. Wenn nun Windkräfte gegen den Dachstuhl drücken, dann würde sich die gesamte Konstruktion zu einem Parallelogramm verschieben. Nicht anders ergeht es dem Dachstuhl, wenn die diagonal angebrachten Windrispenbänder fehlen oder zerstört werden. Genau dies erfährt der Bauherr nun am eigenen Leib. Seine Baufirma hat Dachlattung und Unterspannbahn angebracht, die Windrispenbänder aber vergessen.

Das Windrispenband dient der Dachaussteifung, wurde zerschnitten und weggebogen und ist wirkungslos

Der Bauüberwacher fordert die Firma auf, das vergessene Zugband zwischen Sparren und Unterspannbahn einzubauen. Das geschieht, aber nachlässig. Der Bauherr stellt fest, dass das Zugband direkt vor dem Dachfenster installiert wurde und ein Öffnen nur beschränkt möglich ist. Eine Lachnummer löst die andere ab: Nach der Mängelrüge schneidet die Baufirma das Zugband an dieser Stelle kurzerhand durch, ohne zu bedenken, dass es Zugkräfte aufzunehmen hat.

Bauherr und Bauüberwacher lehnen die Abnahme des Dachstuhls ab. Erst beim dritten Anlauf schafft die Baufirma die fachgerechte Installation. Ohne Einschreiten des Bauüberwachers hätte es zu erheblichen nachträglichen Schäden und Kosten kommen können.

Fehlen die aussteifenden Windrispenbänder oder werden sie zerschnitten und damit wirkungslos, kann es nicht nur zur Verformung des Dachstuhls, sondern auch zu daraus resultieren-den Rissen an der Gipskartonverkleidung von Sparren und Kehlbalken kommen. Gipskartonplatten, Dampfsperrfolie und Dämmung müssten komplett aus- und wieder eingebaut werden. Die Mängelbeseitigungskosten hätten sich auf 8.000-10.000 € summiert. Vorsicht: Solche Spätschäden können auch noch nach Ablauf der Gewährleistung auftreten.

Die Lektion aus der Kostenfalle Dachaussteifung:

■ Windrispenbänder sind verzinkte Stahlbänder und nehmen Zugkräfte auf. Sie sind mindestens 2 mm dick und 40 mm breit und werden kreuzend diagonal auf die Sparren verlegt.

■ Diese Zugbänder dürfen nicht schlaff durchhängen. Vor der Befestigung werden sie gespannt, um Zugkräfte direkt aufnehmen zu können, und an jedem einzelnen Sparren befestigt.

Dachkastenverschalungen

Dort, wo sich Mauerwerk und Dachstuhl treffen, an der Traufe, ragen die Holzsparren der Dachstuhlkonstruktion über die Außenwand. An diesen vorstehenden Balken, dem Dachüberstand, endet das gedeckte Dach. Dort wird auch die Regenrinne befestigt.

Dachüberstände von 50-60 cm sind keine Seltenheit. Diese müssen verkleidet werden. Der Fachmann spricht von einer Verschalung des Dachkastens. Die Verkleidung wird an der Unterseite des Daches mit den Sparren verschraubt oder vom Sparrenende waagerecht direkt ans Mauerwerk der Außenwand geführt. Die erste Variante der Verschalung wird unter dem schräg verlaufenden Dach angebracht, die zweite verläuft waagerecht vom Sparrenende zur Mauer und bildet einen Hohlraum.

Diese Variante ist wegen der notwendigen Unterkonstruktion teurer, denn längs der Außenwand muss vor der Verschalung nicht nur ein durchgehendes Aufnahmeholz als Träger angebracht werden, sondern auch Querstreben zwischen Sparrenende und Trägerholz, an denen die Verkleidung verschraubt werden kann. Die Verschalung schmückt zwar das Haus, versperrt aber auch Vögeln und Insekten den Zugang zum Dachraum.

Die Verkleidung des Dachkastens, die aus außenseitig gehobelten und gespundeten Brettern besteht, besorgt ein vom Bauherrn beauftragter Dachdecker. Nach Abschluss der Arbeiten bietet er seine Leistung zur Abnahme an. Offenbar inbegriffen sind auch offene Fugen von zehn Millimetern an den Stirnseiten der aneinander stoßenden Bretter. Was soll das?

Die Schalung sei dicht verlegt, beteuert der Dachdecker. Das stimmt. Nur ist das Holz offenbar zu feucht verarbeitet worden. Die verarbeiteten Bretter werden gemessen. 30 % Holzfeuchte, so das Ergebnis, lässt darauf schließen,

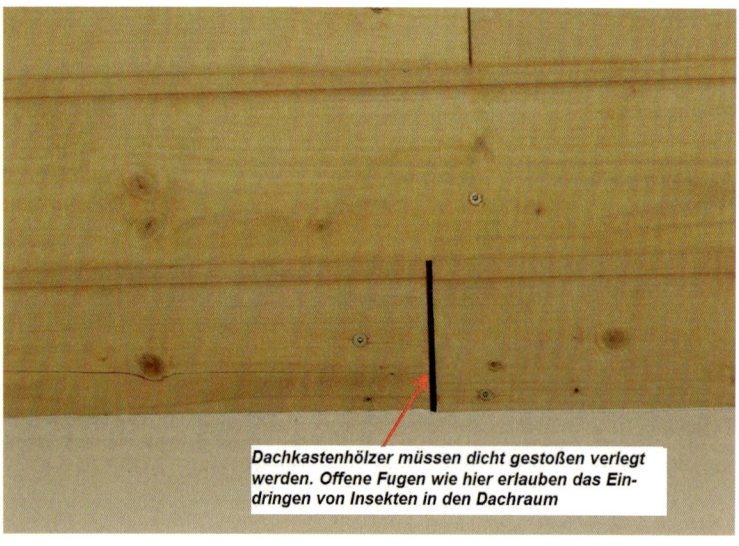

Dachkastenhölzer müssen dicht gestoßen verlegt werden. Offene Fugen wie hier erlauben das Eindringen von Insekten in den Dachraum

dass sie beim Einbau noch höher gewesen sein muss. Auch dem Handwerker hätte klar sein müssen, dass Holz beim Trocknen nicht nur an Feuchte verliert, sondern auch an Volumen. Der Fachmann spricht vom Schwinden. Das macht sich bei den Brettern besonders in der Länge wegen der größeren Dimension gegenüber Breite und Dicke bemerkbar. Die Bretter verkürzen sich also, und die nun auftretenden Fugen an der Stirnseite sind willkommene Schlupflöcher für Wespen und andere Insekten. Größere Fugen lassen auch anderes Getier wie Vögel oder Marder ein.

Klare Sache: Der Dachdecker ist für Material und Montageleistung verantwortlich und muss deshalb auch die Gewähr für eine mängelfrei geleistete Arbeit übernehmen.

Dies ist hier nicht der Fall. Die Dachkastenbeschalung wird komplett demontiert und mit einwandfreiem Holz neu verschraubt. Den Pfusch bei der Abnahme übersehen, hätte dem Bauherrn bei einer späteren Reparatur leicht bis zu 700 € kosten können.

Die Lektion aus der Kostenfalle Dachkastenverschalungen:

■ Die Verschalung von Dachkästen soll mit mindestens 16 mm dicken Brettern vorgenommen werden, damit sich das Holz nicht verformt. Die Holzfeuchte darf beim Einbau 20 % nicht überschreiten.

■ Die Bretter müssen dicht gestoßen verlegt werden. Dabei sind gespundete Bretter zu verwenden, die mit Nut und Feder ineinander greifen. An der Außenseite müssen sie gehobelt sein.

■ Das Holz – meist Nadelhölzer wie Fichte, Tanne oder die etwas bessere Kiefer – muss gegen Holzschädlinge und Pilze imprägniert sein.

■ Auch wenn Verschalungen Niederschlägen nicht direkt ausgesetzt sind, ist eine Feuchtbelastung immer gegeben. Schrauben für die Befestigung sollten aus Edelstahl sein, damit sie nicht rosten.

Dachschalungen

Am eingeschossigen Wohnhaus wird das Dach errichtet. Günstige Gelegenheit, denkt der Bauherr, die Baufirma auch mit dem Flachdach der Garage zu beauftragen. Also wird auf die Dachsparren der Garage eine Schalung aus gehobelten und gespundeten Brettern genagelt. Darauf soll dann als Dachbelag eine Bitumenabdichtung angebracht werden. Die Dachschalung hat tragende Funktion, da sie die Lasten aus Dachbelag, Schnee und bei Reinigungsarbeiten auch die Last einer oder mehrerer Personen aufnehmen muss.

Leider hat der Bauherr neben der Firma für die Dachschalung eine zweite für die Dachabdichtung beauftragt. Firma 1 ist schnell mit der Schalung fertig, aber es vergehen ein paar Tage, ehe Firma 2 mit der Abdichtung tätig wird. In der Zwischenzeit kommt unpassend, aber eben nicht unwahrscheinlich, ein kräftiger Regenschauer. Er prasselt auf die ungeschützte Schalung, das Holz nimmt Wasser auf und quillt, um seiner natürlichen Volumenausdehnung gerecht zu werden. Es hebt sich an den Verbindungsfugen der Bretter, dort, wo Nut und Feder ineinander greifen.

Die Dachschalung aus Holz wellt, wenn sie nicht vor Niederschlägen sofort geschützt wird

Donauwellen auf dem Dach hat der Bauherr nicht bestellt, und es kommt zum Streit. Die für die Dachschalung verantwortliche Firma 1 findet im Bauvertrag keine vereinbarte Nebenleistung wie den Schutz der Schalung gegen Niederschlagwasser. Sie konnte davon ausgehen, dass die Dachabdichtung von Firma 2 umgehend aufgebracht wird. Dagegen hat der Bauherr nicht viel vorzubringen. Eine zweite Dachschalung ist fällig. Sie kostet ihn 1.450 €.

Die Lektion aus der Kostenfalle Dachschalung:

■ Schon bei der Auftragsvergabe die Termine so koordinieren, dass unmittelbar nach der Dachschalung auch die 1. Abdichtungslage aufgebracht wird.

■ Sollte keine enge zeitliche Koordination zwischen zwei zwangsläufig nacheinander arbeitenden Unternehmen möglich sein, muss mit der Firma, die für die Dachschalung zuständig ist, vereinbart werden, dass eine niederschlagsichere Schutzfolie, zum Beispiel Baufolie, windsicher aufgebracht wird.

■ Übrigens: Dachschalungen aus Brettern sollten wegen der Tragfähigkeit mindestens 24 mm dick sein, wobei die Brettbreiten nicht mehr als 20 cm betragen sollen.

Holztreppen

„Als Geschosstreppe wird eine hochwertige, formschöne, endbehandelte Holztreppe eingebaut." So steht es in der Leistungsbeschreibung des Bauträgers, der mit nichts sagenden Worthülsen hantiert, aber fein zwischen Holz und Ganzholz unterscheidet. Denn angeboten, wenn auch nicht erwähnt, hat er nur Buche furniert und keine echte Holztreppe. Die kann ein paar Zeilen weiter als „Ganzholztreppe gegen Aufpreis" erworben werden.

Der Bauherr dankt angesichts der saftigen Mehrkosten und greift auf die einfache Version zurück, findet aber, dass sich das versprochene „angenehme Wohngefühl" durch die Geländerstäbe aus Stahl, weiß pulverbeschichtet, nicht einstellt. Das lässt sich ändern, umsonst ist es nicht. Der Handlauf, nunmehr mit Geländerstäben aus Buche massiv, summiert sich mit Holzaustrittsleiste auf 429,20 €, und der Treppenbauer bittet höflich um eine Abschlagzahlung von 90 %.

Hinzu kommt im Erdgeschoss eine Deckenstirnverkleidung aus Buche statt Putz und Tapete entlang des Treppenausschnitts, da sind noch mal 372 € weg. Das sieht zwar schöner aus, hätte aber nicht sein müssen. Putz oder Tapete hätten gereicht, aber der verunsicherte Bauherr hat das nicht gewusst, die Holzleiste für notwendig gehalten und dem Nachtrag zugestimmt.

Die Montage einer Stehbolzentreppe als selbsttragende Konstruktion mit Wandankern ist kompliziert und dauert. Dann bietet der Firmenver-

Die Geländerstäbe sind zu kurz. Sie reichen nicht bis in den Handlauf

treter das Machwerk – anders kann man es nicht bezeichnen – dem Bauherrn ungerührt zur Abnahme an. Der ist in Begleitung seines Bauingenieurs erschienen und traut seinen Augen nicht. Der Handlauf beschreibt eine Wellenlinie mit unterschiedlichen Höhen von 99 bis 107 cm, was dazu führt, dass die Geländerstäbe nicht in die Aufnahmebohrungen des Handlaufs passen. Der wiederum ist so labil, dass er schon bei leichter Berührung um zehn Zentimeter nachgibt. Die Holzsockelleiste des Brüstungsgeländers wurde auf den Teppichboden geschraubt. Sockelleiste und Teppichboden hätten aneinander stoßen müssen.

Auch das Brüstungsgeländer verläuft schief. Und es fehlt eine acht Zentimeter breite und einen Zentimeter schmale Abdeckleiste zwischen Geländersockel und Wand. Die Deckenverkleidung am Treppenausschnitt wurde ganz vergessen, Bauherrn und Sachverständigen grinst der nackte Beton an.

Der Bauingenieur schreibt eine Mängelrüge mit Termin. Bei der zweiten Abnahme gibt es keinen Anlass zu Beanstandungen mehr – fast: Es fehlt das Abdeckleistchen. Das kleine Holzstück bringt handverlesen ein Transporter der Firma am nächsten Tag, 85 km hin, 85 zurück.

Die Lektion aus der Kostenfalle Holztreppen:

■ In der Leistungsbeschreibung auf die angebotene Ausführung achten – vor allem beim Übergang zu anderen Bauteilen (Teppichboden, Putz).

■ Vor Vertragsabschluss Bemusterung beim Hersteller vornehmen.

■ Bei selbsttragenden Treppen keine Verankerung an den Wänden ohne Schalltrennung. Sonst wird der Trittschall im gesamten Eigenheim ver- teilt. Noch unangenehmer sind Trittschallgeräu- sche in Häusern mit mehreren Mietparteien oder in Reihenhäusern, wo die Treppen meist an den Haustrennwänden verlaufen und dort befestigt werden. Tronsolplatten aus Gummi dämpfen Trittgeräusche.

■ Auf durchgehend gleiche Stufenhöhen beson- ders im Treppenantritt (unten) und -austritt (oben) achten. Treppenbauer vermessen Trep- penhäuser meist schon im Rohbau, vergessen dann oft den Fußbodenaufbau und gleichen die unterschiedlichen Höhen durch die Stufenhöhe aus. Stolpergefahr!

Wind- und Dampfsperren

Wind- und Dampfsperren sind, wie der Name schon sagt, Absperrfolien in Außenbauteilen. Leider werden sie oft fehlerhaft oder nachlässig verlegt. Wichtig sind sie besonders bei leichten Außenwand- und Dachkonstruktionen an der Peripherie der Wärme dämmenden und beheizten Gebäudehülle.

Leichte Konstruktionen sind zum Beispiel Fachwerkaußenwände, wo zwischen den Holzbauteilen – im Gefach – die Wärmedämmung eingebaut ist. Als leichte Konstruktionsteile gelten aber auch Drempel, Dachschräge und Kehlbalkendecke.

Hier tritt die Dampfsperre in Funktion. Die Absperrfolie verhindert, dass Tauwasser an die Verkleidung der raumseitigen Außenwandfläche oder die Verkleidung von Drempel, Dachschräge oder Kehlbackendecke gerät. Hässliche Wasserflecken und Schimmelbildung können sonst die Folge sein.

Für die raumseitigen Verkleidungen der Außenbauteile werden Gipskartonplatten verwendet. Die vertragen andauerndes Tauwasser nicht, ebenso wenig wie Anstrich, Tapeten oder Holzverkleidungen.

Tauwasser entsteht, wenn Kalt- auf Warmluft trifft – im Bereich von Außenteilen der Normalfall. Im Winter stößt kalte Außenluft auf erwärmte Raumluft, im Sommer ist es umgekehrt. Dort, wo Luftschichten mit unterschiedlichen Temperaturen zusammentreffen, in der Kondensatebene, kann sich Tauwasser in der Dämmschicht bilden.

Die Bauteilkonstruktionen sind vom Architekten so zu wählen, dass auftretendes Tauwasser immer verdunsten kann. Dieser physikalische Prozess sollte auch jeder Baufirma bewusst sein, denn das sich vor der Verdunstung bildende Tauwasser darf auf keinen Fall in die raumseitige Verkleidung eindringen – kein Problem bei einer

Flickschusterei: Wind- und Dampfsperrenfolien sollten dicht verlegt sein, Stöße überlappend und verklebt

sorgfältig angebrachten Dampfsperre. Die Absperrfolie soll aber auch die Winddichtigkeit in den Außenwand- und Dachkonstruktionen gewährleisten. Ein- und durchdringender Wind belastet nicht nur die Heizkosten, sondern beeinträchtigt auch das Wohngefühl – es zieht.

Fazit: eine Wind- und Dampfsperre muss dicht verlegt sein, um ihre Funktionen erfüllen zu können. Diese Erfahrung macht jetzt auch der Bauherr. Er hat eine Trockenbaufirma beauftragt, den Dachstuhl seines Altbaus umzubauen und die raumseitige Verkleidung im Dachgeschoss anzubringen.

Dazu muss eine Dämmung aus Mineralfasermatten zwischen Sparren und Kehlbalken verlegt, eine Dampf- und Windsperre angebracht und Kehlbalkendecke, Dachschräge und Drempel mit Gipskartonplatten verkleidet werden. Aber schon während der Bauphase bemängelt der Bauüberwacher die Ausführung der Absperrfolien.

Auch dem Bauherrn graust: Die Absperrfolien sind ein Flickwerk mit hängenden Teilen. Die Entscheidung kann nur heißen: alles runter und noch mal von vorn. Ohne Baukontrolle wäre der Bauherr böse auf die Nase gefallen. Denn sind erst mal die Gipskartonplatten angebracht, sind die Schäden an der Wind- und Dampfsperre nicht mehr sichtbar. Mit Zugluft, höheren Heizkosten und Durchfeuchtungen mit Schimmelbildung hätte sich später der Bauherr herumärgern müssen. Worst case: die gesamte Bekleidung des Dachstuhls müsste dann abgerissen und neu installiert werden – für saftige 7.500 €.

Die Lektion aus der Kostenfalle Wind- und Dampfsperren:

■ Die Absperrfolien müssen zwischen Wärmedämmung und raumseitiger Bekleidung dicht verlegt werden. An den Bahnenstößen müssen sie sich um 10 cm überlappen und die Stöße dicht mit Klebeband gesichert werden. Die Mindestdicke der Folie darf 0.2 mm nicht unterschreiten.

■ Absperrfolien sind aus Kunststoff (Polyethylen, PVC) oder Aluminium. Zur Verbesserung der Reißfestigkeit gibt es auch Folien mit Gewebeeinlagen. Bei Mineralfaserdämmstoffen mit aufkaschierten Aluminiumfolien ist die Dampfsperre schon auf der Dämmung aufgebracht.

■ An Dachflächen durchdringende Bauteile wie Entlüftungs- und Entwässerungsrohre oder Schornsteine ist die Absperrfolie am Durchdringungsbauteil mindestens 10 cm hochzuführen und mit Klebeband zu sichern. Gleiches gilt für den Anschluss an Giebelwände.

■ An Wohndachfenstern ist die Absperrfolie am Rahmen des Wohndachfensters hochzuführen und mit Klebeband dicht zu sichern.

Dachdeckungen

Der Bauherr möchte, verständlich, ein Dach über dem Kopf. Das soll nicht nur niederschlags- und windsicher sein, sondern ihn und sein Haus auch gegen alle anderen Unbilden der Natur wie Kälte und Hitze schützen. Für Dachdeckungen werden meist kleinformatige Elemente wie Betondachsteine aus Zementbeton oder aus Ton hergestellte und gebrannte Dachziegel verwandt – eine Frage des Preises: Tondachziegel sind um rund 20-25 Prozent teurer.

Der Vollständigkeit halber soll erwähnt werden, dass zu den Dachdeckungen auch Bitumen- und Kunststoffbahnen, Bitumenschindeln oder Metallabdeckungen gehören. Sie bilden eine homogene Dachhaut und werden deshalb Dachabdichtungen genannt.

Tondachziegel und Betondachsteine sind in verschiedenen Formen, Größen und Farben lieferbar. Bei Dachziegeln sind Beschichtungen oder aber Glasuren mit eingebrannter Oberflächenvergütung möglich.

Spezielle Formziegel oder Formsteine ergänzen das Programm der Hersteller. Diese können am Dachrand des Giebels (Ortgang), für Dachdurchdringungen von Antennen und Entlüftungsrohren sowie als Firststeine zur oberen Abdeckung der Dachflächen verwendet werden.

Zum Dachaufbau gehören auch Unterspannbahnen, Konter- und Dachlattungen. Sie werden noch vor der Verlegung der Betondachsteine oder Tondachziegel angebracht. Unterspannbahnen sichern das Haus gegen eindringende Feuchtigkeit wie Regen und Schnee, die starker Wind sonst unter die Ziegel drücken würde. Dachziegel und -steine werden ja trocken, also ohne Vermörtelung, auf den Dachlatten verlegt und lassen Fugen offen. Hier könnte ohne Unterspannbahn Niederschlagsfeuchtigkeit eindringen. So aber rinnt Nässe auf der Bahn zur Dachrinne ab.

Unterspannungen werden auf den Dachsparren befestigt und mit einer darüber liegenden Konterlattung gesichert. Darauf werden dann die Dachlatten genagelt. Das müsste auch einem Dachdecker geläufig sein, dachte sich der Bauherr und setzte seine Unterschrift unter den Vertrag.

Betondachsteine mit einer farblichen Beschichtung sollen angebracht werden, aber bereits nach dem Verlegen der Unterspannbahn fällt dem Bauüberwacher eine knappe Überlappung der einzelnen Bahnen von nur vier bis fünf Zentimetern auf. Auch die begonnene Einlattung weist Mängel auf. Mit einem Querschnitt von 24x48mm (Breite mal Dicke) würden die Dachlatten bei einem Sparrenabstand bis 75 cm (gerechnet jeweils von Sparrenmitte zu Sparrenmitte) gerade noch ausreichen. Er beträgt aber 95 cm. Ein solcher Sparrenabstand hätte einen Dachlattenquerschnitt von 40x60mm erfordert. Der Sparfuchs Dachdecker hat zu dünne Dachlatten verwendet, eine später sichtbar durchhängende Dachfläche – Wellen von Sparren zu Sparren – wäre die Folge gewesen, kein erfreulicher Anblick für den Bauherren.

Das ist nun gerade noch rechtzeitig durch die Baukontrolle vermieden worden. Der Dachdecker darf Unterspannbahn, Konter- und Dachlattung abreißen und fachgerecht neu ausführen. Der Bauherr rechnet nach: Dachfläche neu zu decken, Gerüstaufbau 1.800 €, plus Kosten für die Dachumdeckung 6.200 €, Streit um die Mängelbeseitigung und Kostenübernahme inklusive Zeitverzögerung – das wäre, wenn zu spät bemerkt, ein teures Vergnügen geworden.

Neuer Ärger kommt bei den Fenstern im ausgebauten Dachgeschoss hinzu. Fenster müssen bei der Dachdeckung berücksichtigt werden, das heißt: die zu verlegenden Ziegel sind genau aufzuteilen, um an den Fenstern abzuschließen. Sonst bleibt nichts weiter übrig, als Lücken, die für normale Dachziegel zu schmal sind, mit Streifchen zu schließen.

Saubere Arbeit setzt talentierte Dachdecker voraus, doch der Bauherr sieht bei der Abnahme die Arbeit eines Dilettanten. Schmale Streifen wurden an den Fensterseiten platziert und obendrein ohne jede Befestigung lose verlegt – von unten kaum zu erkennen. Aber der Handwerker hat vergeblich auf die Dummheit seines Auftraggebers gehofft. Ein Griff durchs Wohndachfenster, und die Ziegelstreifen lassen sich abheben.

Der nächste kräftige Wind, nicht einmal Sturm, würde den Pfusch durch Sogwirkung herunterreißen. Ziegelstreifen von sechs bis acht Zentimetern Breite fehlt das Eigengewicht, um auf dem Dach ohne Befestigung Windkräften zu widerstehen.

Lose Dachziegel"streifchen" am Wohndachfenster. Diese liegen dort bis zum nächsten kräftigen Wind

Die Lektion aus der Kostenfalle Dachdeckungen:

■ Die Unterspannbahn ist bis auf das Traufblech – einem Verbindungsstück zwischen Bahn und Rinne – zu führen. Die Verlegung muss quer zum Sparren von der Dachtraufe nach oben zum Dachfirst geführt werden, wobei sich die einzelnen Bahnen um mindestens zehn Zentimeter überlappen sollten. Die Unterspannbahn endet fünf Zentimeter vor dem Firstscheitelpunkt, um eine Entlüftung der unterhalb der Spannbahn befindlichen Wärmedämmschicht zu gewährleisten.

■ Der Querschnitt (Breite und Dicke) der Dachlatten ist unter Berücksichtigung der Größe und des Gewichts der verwendeten Betondachsteine oder Tonziegel sowie der Sparrenabstände auszuwählen. Bei einer Dachsteineindeckung kann von folgenden Erfahrungswerten ausgegangen werden: Sparrenabstand Mitte bis Mitte Sparren: Bis 75 cm Latten 24x48 mm, bis 90 cm Latten 30x50 mm, bis 110 cm Latten 40x60 cm.

■ Ziegelstreifen, die kleiner als die Hälfte der Dachziegelbreite sind, müssen durch geschickte Aufteilung der Dachfläche vermieden werden. Sind kleinere Teilstücke als der volle Dachziegel verlegt worden, müssen sie mit Schrauben oder Sturmklammern befestigt werden. Nicht nur Teilstücke, sondern jeder 3. Dachziegel sollte befestigt sein. In windanfälligen Gebieten wie Berg- und Küstenregionen sind besondere Sicherungsmaßnahmen wie Sturmklammern gegen Windkräfte erforderlich und müssen vom Architekten bereits bei der Planung berücksichtigt werden.

■ Vorteilhaft ist das Einfügen von Leiterhaken in die Dachfläche, um spätere Reparaturen sicher ausführen zu lassen. Sind Haken vorhanden, können Leitern in die schräge Dachfläche eingehängt werden.

Dachrandabschlüsse, Einfassungen und Innenecken aus Metall

Dachbauteile aus Metall wie Titanzink, Aluminium, verzinkter Stahl, Kupfer oder Edelstahl helfen mit, den Dachbelag gegen Niederschläge abzudichten. Dachrandabschlüsse sind zum Beispiel Traufbleche für den Abfluss des Wassers vom Dachbelag zur Dachrinne. Sie werden an der Traufe unter dem Dachbelag befestigt und sichern den nahtlosen Übergang.

Auch so genannte Ortgangbleche gehören zu den Dachrandabschlüssen. Ortgänge heißen die Dachränder dort, wo sich keine Regenrinne befindet – meist an den Giebelseiten. Ortgangbleche begrenzen den Dachbelag am Giebel und sollen das Niederschlagwasser zur Rinne ableiten. Die senkrechte Seite des Ortgangblechs hat eine Tropfkante, so dass abtropfendes Regenwasser nicht an der Fassade herunter rinnen kann (Grafik nächste Seite).

Die auf der Dachlattung liegende waagerechte Seite des Ortgangblechs muss einen Wasserfalz haben, damit ein seitliches Ablaufen des Wassers in den Bereich unter dem Dachbelag verhindert wird. Bei einem Dachbelag aus Bitumen oder Kunststoff entfällt der Wasserfalz, da alle Bleche mit dem Belag dicht verklebt sind.

Metalleinfassungen dichten das Dach zwischen Belag und beispielsweise dem Schornstein ab. Sie werden unter dem Dachbelag verlegt und dann am Schornstein hochgeführt. Der unter dem Dachbelag verlaufende Teil der Metalleinfassung muss, falls Dachziegel statt Bitumenabdeckungen verwendet werden, ebenfalls mit einem Wasserfalz versehen sein, um unter den Dachbelag laufendes Wasser zu verhindern.

Die Metalleinfassung muss dicht am Schornstein anliegen und ihr Abschluss oben gesichert werden, damit kein Niederschlag zwischen Schornstein und Einfassung sickert. Der Fachmann spricht von einer Verwahrung. Eine Kappleiste aus abgewinkeltem Blech überdeckt die Fuge und wird mit Dübeln und Schrauben am Schornstein befestigt. Der waagerechte Teil der Kappleiste sollte zwei Zentimeter ins Schornsteinmauerwerk ragen, deshalb muss dort eine Nut eingeschnitten werden.

An der Stelle, an der zwei schräge Dachflächen im Winkel aufeinander zulaufen, wie es bei rechtwinkligen Bauten der Fall ist, entstehen Innenecken. Der Fachmann spricht von Kehlen. Die Außenecken dieser im Winkel aneinander grenzenden Dachflächen heißen Grate.

Kehlen gibt es auch an Dachgauben dort, wo ein Gaubendach in die große Dachfläche mündet. An dieser Stelle wird eine Metallkehle unter dem Dachbelag verlegt. Beide Seiten des Kehlblechs müssen bei der Verwendung von Dachziegeln ebenfalls einen Wasserfalz haben.

Das alles hat der Bauherr genau nachgelesen und dann eine Fachfirma mit Dachdeckung und den dazugehörigen Klempnerarbeiten beauftragt.

Das heißt, Dachfläche eindecken, Schornstein einfassen, Kehlen im Anschlussbereich der Gaubendächer am Dach herstellen, Ortgangbleche, Regenrinnen und Fallrohre aus Kupfer anbringen. Vorsichtshalber ist ein Bausachverständiger für die Abnahme der Dachdecker- und Dachklempnerleistungen bestellt worden.

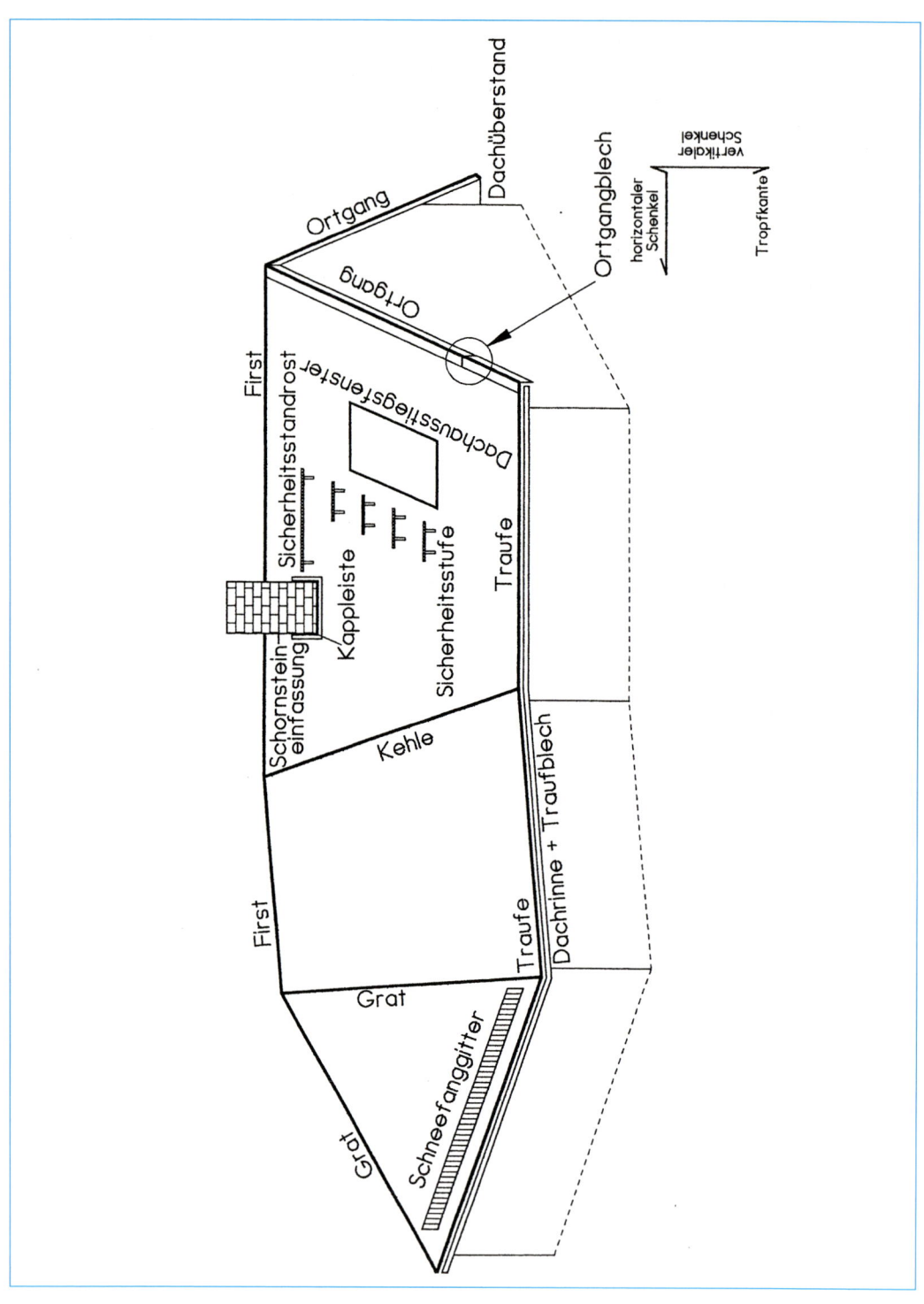

Die Dachbauteile – vom Schneefanggitter bis zum Ortgangblech

Die Abnahme wird verweigert. Gravierende Mängel sind sichtbar geworden. Die Kehlbleche am Übergang zwischen Gauben- und Hauptdach lagen nur punktuell auf der Dachlattung und nicht vollflächig, um einer wellenförmigen Verformung des Kehlblechs entgegen zu wirken. Dafür hätte aber vorher eine vorher eine vollflächige Holzunterlage auf der Dachlattung verschraubt werden müssen.

Außerdem waren die Überdeckungen der meist zwei Meter langen Kehlbleche mit sechs bis sieben Zentimetern viel zu kurz und an den Stößen auch nicht verlötet worden.

Das wäre hier aber wichtig gewesen, da die Kehlneigung nur 12° beträgt und Stoßfugen bei einer Kehlneigung unter 15° gelötet werden müssen, um als wasserdicht zu gelten.

Ein weiterer Fehler: Das Kupferblech der Schornsteineinfassung hätte zehn Zentimeter am Schornstein über die Dachfläche hinaus hochgeführt werden müssen und nicht nur acht.

Der Bausachverständige bemängelt auch die Siliconfuge zwischen Schornsteineinfassung und – mauerwerk. So geschmiert, statt mit einer Kappleiste abgedeckt, wird sich die Schmierfuge bald verabschieden und Niederschlagwasser den Weg freimachen.

Der Bauherr verweigert angesichts der uneinsichtigen Handwerker die noch offene Restzahlung – meist das einzig wirksame Mittel. Mängelbeseitigung und zweite Abnahme verlaufen ohne Probleme.

Pfusch, Unwissen, Sparen am falschen Fleck oder alles zusammen? Der Bauherr erspart sich die Ursachenforschung. Mindestens 3.900 € für nicht später notwendige Reparaturen bleiben auf seiner Habenseite.

Die Lektion aus der Kostenfalle Dachrandabschlüsse, Einfassungen und Kehlen aus Metall:

■ Bleche für Dachrandabschlüsse sollten mindestens 1.2 mm dick sein (Aluminium), bei Kupfer und Titanzink genügen 0.8 mm, bei verzinktem oder nicht rostendem Stahl 0.7 mm.

■ Materialmix bei Wasser führenden Blechteilen vermeiden: Korrosionsgefahr! Kontaktkorrosion tritt auch dann auf, wenn sich unedle und edle Metallteile mit unterschiedlichen Spannungspotentialen – wie Stahl und Edelstahl oder Stahl und Kupfer – berühren und obendrein mit Wasser in Kontakt kommen. Durch die Kontaktkorrosion wird das unedlere Metall abgetragen und damit zerstört. Der Weg des Wassers ins Gebäude ist frei. Die Gefahr von Kontaktkorrosion besteht auch bei Befestigungsmaterialien – wie zum Beispiel einer Stahlschraube am Kupferblech.

■ Anschlüsse an Bauteile, die höher als die Dachfläche geführt werden, zum Beispiel Schornsteine, Wände oder Dachgauben, sind bei Dachneigungen von 0°-5° mindestens 150 mm und ab einer Dachneigung über 5° mindenstens 100 mm über die Oberseite des Dachbelages hochzuführen. Die Abschlüsse mit Kappleisten sind mindestens alle 25 cm zu befestigen. Eine dauerelastische Abdichtung muss die Verbindung zwischen Kappleiste und Mauerwerk schützen.

■ Kehl-, Trauf- und Ortgangbleche, auf die Dachbeläge aus Bitumen oder Kunststoff aufgeklebt werden, müssen eine mindestens 120 mm breite Klebefläche haben, um als wasserdicht ausgeführt zu gelten.

Kleinkram am Dach

Oft sind es nur Kleinigkeiten, die am Dach Ärger bereiten können. Manchmal sind es fehlende Anbauteile, die schon bei der Planung vergessen wurden oder auf die eine Baufirma nicht rechtzeitig hingewiesen hat. Ein späterer Einbau ist meist mit höheren Kosten verbunden. Beispiel Schornsteinfeger: Der Zugang vom Dachfenster zum Schornstein muss sicher sein. Der Schornsteinfeger führt dort Abgasmessungen oder Reinigungsarbeiten durch. Er klettert auf einen Sicherheitsrost, der auf so genannten Standsteinen befestigt worden ist. Das sind Formziegel, die von den Herstellern passend zur Dachdeckung angeboten werden. Sicherheitsroste sind korrosionsgeschützte Metallteile mit profilierten Gitterstäben. Sie erhöhen die Rutschsicherheit.

Soll der Schornsteinfeger nicht durchs Haus, kann er auch über eine Außenleiter auf die Dachfläche und dort zum Sicherheitsrost am Schornstein gelangen. Auch dafür haben Hersteller passend zum Dachbelag Sicherheitsstufen entwickelt, die auf Standsteinen in die Dachfläche eingebaut werden. Nicht rechtzeitig eingeplant, fehlen sie ebenso oft wie Sicherheitshaken, die auf die Dachlatten geschraubt werden können und dann zwischen den Ziegeln hervorragen. An diesen Haken lassen sich Leitern für kleinere Reparaturen oder nachträgliche Installationen einhängen. Auch Schneefanggitter gegen Dachlawinen, wichtig besonders in gefährdeten Bereichen wie Hauseingängen und Bürgersteigen, werden von Baufirmen gern vergessen, denn sie kosten Geld.

Der Bauherr hat aufgepasst und Sicherheitsrost, Stufen, Dachhaken und Schneefanggitter rechtzeitig eingeplant. Der Ärger kommt aus einer anderen Ecke. Es geht um die engobierten Dach-

ziegel. Engobieren ist ein Verfahren für keramische Oberflächen. Die Dachsteine werden durch Tauchen, Besprühen oder Begießen mit einer mineralischer Tonschlämme überzogen und anschließend gebrannt. Das ergibt eine matt glänzende oder matte Oberfläche, anders als bei einer glänzenden Glasur, die aus einem Glasurpulver und Wassergemisch hergestellt, auf den Ziegelrohling aufgetragen und dann gebrannt wird.

Wegen der aufwendigen Herstellung sind engobierte oder glasierte Dachziegel teurer als normale. Aber sie sehen auch schöner aus, und der Bauherr freut sich auf die engobierte Dachfläche – bis zum Streit mit dem Dachdecker. Was ist passiert?

Der Bauherr lässt ein rechtwinkliges Haus errichten. Die nebeneinander liegenden Dächer der Vorderseite bilden dort, wo sie aufeinander zulaufen, Innenecken, die der Fachmann Kehlen nennt (siehe Grafik Seite 78). Auf der Rückseite laufen die Dächer voneinander weg und bilden Grate.

Dachziegel im Bereich von Kehlen und Graten, aber auch an Dachrandabschlüssen müssen zugeschnitten werden, denn nicht immer geht das Verhältnis Dachfläche-Ziegelgröße glatt auf. An den Schnittstellen kommt wie auch an abgeplatzten Ecken die naturrote Dachziegelfarbe zum Vorschein, denn engobierte Ziegel haben nur an der Oberfläche die gewünschte Farbe – in diesem Fall Anthrazit. Sie sind nicht durchgefärbt.

Der Bauherr ärgert sich über die Schadstellen, zumal auch die Bleifolien dort, wo die Dachgauben ins Dach übergehen, nicht eng anliegen.

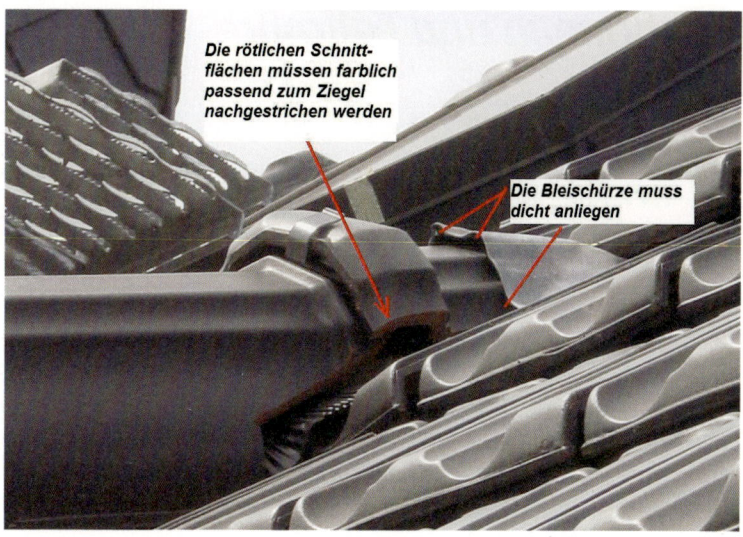

Die rötlichen Schnitt-
flächen müssen farblich
passend zum Ziegel
nachgestrichen werden

Die Bleischürze muss
dicht anliegen

Diese dünnen Bleischürzen, die Ecken abdich-ten, weil man Ziegel nun mal nicht knicken kann, hätten eng ans Profil der Ziegel gedrückt werden müssen. In die Fugen kann Ungeziefer und durch Winddruck auch Regen eindringen. Unangenehm für den Handwerker, wenn er sein unsauberes Arbeitsergebnis erst nach dem Ge-rüstabbau entdeckt. Und ein Grund für den Bau-herrn, die geleistete Arbeit als nicht einwandfrei abzulehnen.

Nach wochenlangem Streit einigen sich die bei-den Parteien, dass die Schnittkanten an den Dachziegeln und die Abplatzungen an den Zie-geloberflächen anthrazitfarben nachgearbeitet werden. Auch die Bleischürzen werden dicht an-gepresst. Der Bauherr hat durch seine Beharr-lichkeit spätere Kosten in Höhe von 400 € ge-spart.

Die Lektion aus der Kostenfalle Kleinkram am Dach:

■ Sicherheitstrittstufen und Sicherheitsroste sind verstellbar und können den verschiedenen Dachneigungen angepasst werden.

■ Schon bei der Planung der Dachfläche sollte der Zugang zum Schornstein inklusive Ausstieg-fenster mit dem Bezirksschornsteinfeger abge-sprochen werden. Eine Größe von 50 cm Breite mal 75 cm Länge beim Fenster ist ausreichend. Den zuständigen Schornsteinfeger findet man über die Innung, kann aber auch die Nachbarn fragen.

■ Schnittkanten und Abplatzungen an engobier-ten oder glasierten Ziegeln hat der Auftragneh-mer farblich nachzuarbeiten. Sie beeinträchtigen zwar nicht die Funktion der Dachfläche und stel-len deshalb keinen technischen Mangel dar, wohl aber einen optischen, da sie die einheitliche Farbgestaltung und Ästhetik der Dachfläche be-einträchtigen.

Dachrinnen und Fallrohre

Dachrinnen und Fallrohre entwässern die Dachflächen des Hauses. Sie sammeln Niederschlagswasser und führen es ab. Die sachgerechte Installation ist Aufgabe des Dachklempners. Er muss Größen von Rinnen und Fallrohren sowie die Zahl der Rohre den Erfordernissen entsprechend anlegen. Dabei ist neben der zu erwartenden Niederschlagsmenge auch die Größe der zu entwässernden Dachfläche entscheidend. Materialien sind Zinkblechlegierungen, Kunststoffe, Aluminium und Kupfer.

Die Lage der Fallrohre entscheidet auch über Gestaltung und Ästhetik der Fassade. Leider wird das bei der Planung des Hauses oft vergessen. Über die ungeschickte Verlegung und den hässlichen Anblick ärgert sich der Bauherr meist erst dann, wenn es zu spät ist.

Wichtig ist bei Dachrinnen das Gefälle zum Fallrohr und der Abstand zur untersten Dachziegelreihe. Dieser muss so gewählt werden, dass kein

Das Ergebnis bei zu starkem Gefälle:
Regenwasser steht am Ende der Rinne

Kontergefälle hinter dem
Einlauf des Fallrohrs

Niederschlagswasser über die Dachrinne hinausschießen kann.

Der Bauherr hat bei einer Firma für Dachklempnerarbeiten Rinnen und Rohre für sein Haus bestellt und anbringen lassen. Er betrachtet das vollendete Werk und stellt ein starkes Gefälle der Regenrinnen fest. Sie hängen leicht schief und beeinträchtigen die Fassadenansicht. Auch die Befestigungen der Fallrohre kommen ihm wackelig vor.

Wie üblich wiegelt die Firma ab. Das starke Gefälle sei notwendig, damit Wasser gut ablaufen kann. Die Befestigungen seien ausreichend, die Maueranker der Fallrohrschellen würden beim Aufbringen des Fassadenputzes mit eingeputzt und dann nicht mehr wackeln.

Fallrohrschellen sollen die Fallrohre fest umschließen. An den Schellen sind Maueranker befestigt, die den Fallrohren den notwendigen Halt am Mauerwerk geben.

Der Bauherr gibt sich mit den Beteuerungen der Firma nicht zufrieden. Ein Bauchsachverständiger überprüft die seltsame kreative Gestaltung des Dachrinnengefälles und kommt prompt zu einem negativen Ergebnis. Die bemängelte Dachrinne hat ein zu starkes Gefälle und kann unfreiwillig auch als Vogeltränke dienen, denn der Dachdecker hat die Neigung so übertrieben, dass das Wasser am Ende der Dachrinne nicht in Richtung Fallrohr abfließen kann. So steht bis zur Verdunstung ständig Niederschlagswasser in der Rinne, die Wasser abführen und nicht aufbewahren soll. Die Mängel werden, späte Einsicht der Firma, kurzfristig behoben. Wäre der Bauherr auf die Beschwichtigungen des Dachklempners eingegangen und hätte er eine Mängelbehebung erst nach Ablauf der Gewährleistung vorgenommen, wären Kosten von 300 € und mehr entstanden.

Die Lektion aus der Kostenfalle Dachrinnen und Fallrohre:

■ Das Rinnengefälle einer Dachrinne soll zwei bis drei Millimeter pro Meter Länge in Richtung des Fallrohrs betragen. Mehr ist nicht erforderlich und aus optischen Gründen auch nicht zu empfehlen.

■ Dachrinnen und Rinnenhalter sind so anzubringen, dass ein Überlaufen der Dachrinne zur Hauswand vermieden wird. Deshalb muss die vordere Kante der Dachrinne zehn Millimeter tiefer stehen als die hintere.

■ Die Verwendung unterschiedlicher Metalle muss wegen möglicher Kontaktkorrosion vermieden werden. Korrosion entsteht bei Verbindung von Metallen mit unterschiedlichem Spannungspotential (höherwertige mit geringwertigeren Metallen). Sie kann aber auch auftreten, wenn fließendes Wasser die unterschiedlichen Metalle verbindet.

■ Dachrinnen und Fallrohr sind entsprechend der Größe der Dachfläche und der anfallenden Regenmenge zu bemessen. Dafür ist der Architekt in der Planungsphase zuständig.

Wärmedämmung bei Fenstern

Die gesamte Fensterfläche eines Einfamilienhauses macht – Türfenster eingeschlossen – nur 12-15 % der Außenwandfläche aus. Eigentlich nicht viel, aber gerade hier spielt der Wärmeschutz eine wesentliche Rolle.

Der so genannte Wärmedurchlasswiderstand der in den Bauteilen verwendeten Materialien hat einen nachhaltigen Einfluss auf die später entstehenden Heizkosten. Der heute verwendete Begriff U-Wert (früher k-Wert) steht für den Wärmedurchgangskoeffizienten. Eine Außenwand aus Porenbetonmauerwerk würde heute mühelos einen U-Wert von 0,24-0,26 erreichen, ein Fenster mit einer Zwei-Scheiben-Isolierverglasung dagegen nur 1.3-1.5. Je kleiner der U-Wert, um so besser die Dämmung.

Der Wärmeverlust pro Quadratmeter ist also bei den Fensterflächen fünf- bis sechsmal höher als bei der Außenwand aus Porenbeton. Das liegt an der Materialdichte des Baustoffes und der davon abhängenden Wärmedämmeigenschaft. Glas hat schlechte, Porenbeton sehr viel höhere Wärmedämmeigenschaften.

Fensterflächen bekommen wegen dieser schlechten Dämmeigenschaften eine Bedeutung, die weit über ihren geringen Anteil an der Außenfläche hinausgeht. Obendrein ist das Bauteil Fenster kein homogener Baustoff, sondern setzt sich aus Glas sowie Holz oder Kunststoff für den Rahmen zusammen – mit unterschiedlichen Wärmedämmeigenschaften.

Der Rahmen zum Beispiel hat einen Anteil von 20 % an der Gesamtfläche des Fensters und den schlechteren U-Wert. Bei Kunststoff und Holz beträgt er 1.8-2.0, während eine gute Isolierverglasung auf den Wert von 1.1 kommt. Der U-Wert des Fensters aus Rahmen und Glas beträgt bei den genannten Werten dann etwa 1.5.

Isolierverglasungen gibt es mit zwei oder mehr Scheiben. Die Scheibenzwischenräume sind mit Edelgasen wie Krypton, Argon oder Xenon gefüllt. Je dicker das Glas und je breiter die Scheibenzwischenräume, umso besser die Wärme dämmende Eigenschaft der Verglasung.

Der Bauherr hat bei seiner Baufirma ein Einfamilienhaus mit Kunststofffenstern und Isolierverglasung bestellt. Zugesichert wurde ein U-Wert der kompletten Fenster, also Rahmen und Glas, von 1.5. Nach dem Einbau beteuert die Firma auf Nachfrage des Bauherrn, dass die Fenster sogar einen noch niedrigeren Wert von 1.3 besäßen.

Vertrauen ist gut, Kontrolle ist besser. Der Bauherr bestellt einen Sachverständigen und erfährt, dass schon der U-Wert der Fenstergläser statt der erforderlichen 1.1 nur 1.5 beträgt, und damit gerade einmal der zugesicherte Wert der kompletten Fenster (Glas und Rahmen) von 1.5 erreicht wurde.

Der U-Wert des gesamten Fensters betrug unter Berücksichtigung des verwendeten Kunststoffs für Fenster- und Flügelrahmen nur 1.85. Damit waren die zugesicherten Eigenschaften der Fenster nicht erfüllt, die Angabe der Firma über 1.3 schon mal gar nicht und auch nicht die Forderung der Energieeinsparverordnung.

Nach dem Kontrollergebnis des Sachverständigen wurden die Fensterflügel mit Isoliergläsern des U-Wertes 1.1 versehen und erneut eingesetzt. Zum Glück noch rechtzeitig. Nach Ablauf der Gewährleistung hätte ein Verglasungswechsel leicht 3.700 € kosten können oder auf Jahre höhere Heizkosten verursacht.

Die Lektion aus der Kostenfalle Wärmedämmung bei Fenstern:

■ Je kleiner der U-Wert, umso besser die Wärme dämmenden Eigenschaften.

■ Der notwendige U-Wert des Fensters (Verglasung und Rahmen) steht im Energiebedarfsausweis nach EnEV (Energieeinsparverordnung), den der Architekt bei der Planung erstellt. Die Einhaltung muss wegen häufiger Fehler der Baufirmen kontrolliert werden.

■ Der U-Wert des kompletten Fensters darf nicht mit dem U-Wert der Verglasung gleich gesetzt werden. In Verträgen sollte daher stets der U-Wert des Fensters (Uw) verwendet werden, um Missverständnisse auszuschließen (Uw steht für Windows/Fenster, Ug für glass/Glas, Uf für frame/Rahmen).

■ U-Wert der Verglasung auf dem Glasfalz (am Glasrand auf dem silberfarbenen Streifen zwischen den Scheiben) beachten. Dort stehen auch Hersteller, Herstellungsnummer und Datum.

Fenster

Fenster werden von einigen Baufirmen eher nachrangig behandelt. Aber auch wenn es nicht zu Schäden in erheblichen Größenordnungen kommt, können Fehler nerven.

Oft geht es um die Hinterlassenschaft von Montagefirmen nach dem Einbau von Fenstern und Türen. Bei der Abnahme reklamiert der Bauherr – vom Bauüberwacher begleitet – den Bauschaum, der zwischen Fensterrahmen und Mauerwerk hervorquillt. So sieht es auch beim Türrahmen und den Rollkästen aus. Bauschaum ist zwar zur Abdichtung der Lücken zwischen Rahmen oder Rollkästen und Mauerwerk notwendig,

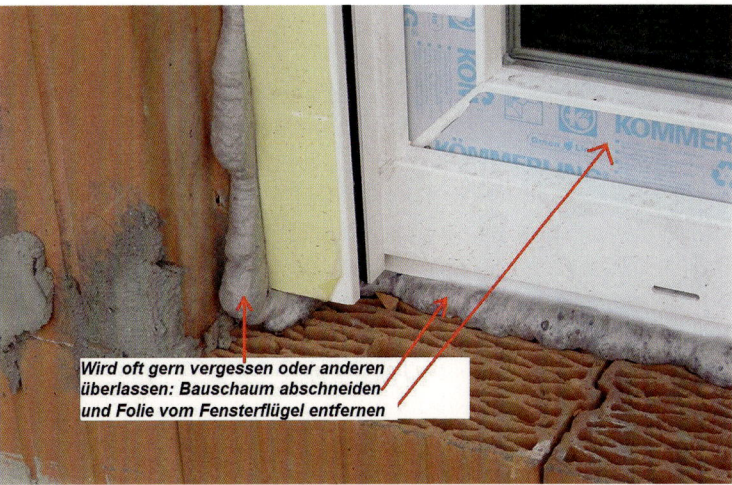

Wird oft gern vergessen oder anderen überlassen: Bauschaum abschneiden und Folie vom Fensterflügel entfernen

*Fenster und Haustüren sollten
in der Fassade auf gleicher
Höhe sein – nicht wie hier*

darf aber nicht überstehen. Da er nach dem Ein-
füllen noch etwas nachquillt, kommt es zu über-
stehenden Wülsten, die dort nicht hingehören.

Der Fensterbauer beruhigt: „Das schneidet die
Putzfirma ab." Da hat er Recht, aber die Putzfirma wird sich diese Arbeit, die nicht Teil ihrer
Leistung ist, bezahlen lassen. 250 € für sauberes
Abschneiden und Entsorgen sind schnell fällig,
wenn der Bauherr die Zahl der Fenster, Türen
und Rollkästen mit ihren Innen- und Außenseiten bedenkt.

Dem Bauüberwacher fällt bei der Abnahme
außerdem auf, dass auf den Rahmen der Fensterflügel noch Folien kleben. Völlig überflüssig,
aber werbeträchtig mit der Aufschrift des Fen-
sterprofillieferanten. Auch hier ist der Fensterbauer um eine Antwort nicht verlegen: „Das
schützt die Fenster in der Bauphase." Klingt gut,
ist aber nur die halbe Wahrheit. Nur Folien auf
dem eigentlichen Fensterrahmen schützen beim
Verputz. Dort schließt die Putzfirma an und entfernt die Schutzfolien, wenn der Putz innen und
außen aufgebracht ist.

Auf den Rahmen der Fensterflügel haben Folien

nichts verloren. Der Aufwand für ihre Beseitigung wird gern anderen überlassen. Sonst müsste man vielleicht die Baustelle noch einmal anfahren.

Das gleiche gilt für Aufkleber auf dem Fenster-
glas. Auch die hat der Fensterbauer zu entfernen.
Muss der Bauherr das nachträglich besorgen,
sind 50 bis 80 € fällig.

Durch die Nachlässigkeiten misstrauisch geworden, sieht der Bauüberwacher genauer hin. Mit
Erfolg: Bei einem zweiflügeligen Fenster sind die
Fenstergriffe in unterschiedlicher Höhe angebracht. Außerdem wurde die Anschlussfuge zwischen Außenfensterbank und Fensterrahmen offen gelassen. Da kann bei darauf stehendem Wind
Regenwasser hinein laufen und zu Feuchtigkeitsschäden führen. Auch Insekten fühlen sich durch
offene Fugen zu Hausbesuchen ermuntert.

Zwischen der äußeren Fensterbank und dem
Fensterrahmen muss eine dauerelastische Fuge
gezogen werden, um den Spalt wirksam abzudichten. Wenn später andere Firmen nacharbeiten, kann sich schnell eine Summe von 100 €
und mehr ergeben.

Schlimmer sind unterschiedliche Fenster- und Türhöhen an der Außenfassade, wenn vom Bauherrn nicht gewollt. Falls der Architekt in der Planungsphase geschlafen oder die Baufirma gepfuscht hat, sind Nacharbeiten nur mit großem Aufwand möglich.

Die Lektion aus der Kostenfalle Fenster:

■ Höhen von Fenstern und Türen im Mauerwerk schon in der Planungsphase beachten und in der Bauphase laufend kontrollieren.

■ Überquellender Bauschaum zur Fugenabdich-tung zwischen Fenster- oder Türrahmen und Mauerwerk ist am Rahmen flächenbündig innen und außen durch die Fensterfirma abzuschneiden und zu entsorgen.

■ Klebefolien auf Fenstergläsern und -rahmen muss die Fensterfirma abziehen und entsorgen. Bei mehrflügeligen Fenstern auf gleiche Höhe der Griffe achten.

■ Die zuständige Firma für die Fensteraußenbänke muss die Anschlussfuge zwischen Fensterbank und -rahmen dauerelastisch versiegeln. In Planungs- und Bauphase auf gleiche Höhe bei Fenstern, Fenstertüren und Haustür in einem Geschoss achten.

Rollläden

Es gibt kaum ein Eigenheim ohne Rollläden. Sie schützen vor Sonne, mindern Lärm, dunkeln ab und dienen als Wärmeschutz. Ein Allzweckmittel, nur müssen sie auch fachgerecht eingebaut sein, indem sie entweder ins Mauerwerk integriert oder als Aufsatzrollkästen zusammen mit den Fensterelementen installiert werden. In beiden Fällen sitzt der Rollladen in der Außenwand und ist ein heikler Fall in Sachen Wärmedämmung. Die Dämmung darf nicht nur auf der Kaltseite zur Außenluft hin angebracht sein, denn kalte Luft tritt auch über die Öffnung, aus

Hier hätte die Rollladenführungsschiene enden müssen

Rollladenführungsschiene zu lang - die Fensterbank passt nicht darunter denen der Rollladen fährt, in die Innenräume ein.

Kurzer Blick ins Innere: Im Rollkasten befindet sich die Welle, auf die sich der Rollladen aufwickelt und bei Elektroantrieb auch der Motor. Der Rollladen fährt auf beidseitig am Fenster angebrachten Führungsschienen auf und nieder, genauer: in einer Nut, die mit Geräusch dämmenden Material (Gummi, Neopren) verkleidet ist. Er besteht meist aus Kunststoff, Aluminium oder aus Holz. Bei nicht elektrisch betriebenen Rollläden gibt es außerdem noch den Gurtwickler oder einen Kurbelantrieb mit Handbetätigung.

Der Bauherr glaubt, bei einem derart einfachen System könne es kaum zu Problemen kommen und wird von seiner Baufirma eines Besseren belehrt. Sie ist für den Einbau der Fenster und der Aufsatzrollkästen zuständig, hat aber die äußeren Fensterbänke, die noch eingebaut werden müssen, einem Subunternehmer überlassen. Der Bausachverständige kommt zur Abnahme und wundert sich: Die Führungsschienen sind zu lang und berühren unten das Mauerwerk, Ergeb-

nis: die Außenfensterbänke können nicht mehr unter den Fensterrahmen eingeschoben werden, es sei denn, man würde in die Granitplatten Aussparungen fräsen.

Der Bauherr verweigert die Abnahme, und die Baufirma muss den Mangel beseitigen. Sämtliche Fenster und Türen werden ausgebaut, die Rollladenführungsschienen gekürzt, und alles wird erneut montiert. Bei der Abnahme nicht genau hingesehen, und ein Schaden von rund 1.000 € wäre entstanden.

Die Lektion aus der Kostenfalle Rollläden:

■ Beim Einbau darauf achten, dass die Rollladen-Führungsschienen mit der Unterkante des Fensters abschließen, damit die Außenfensterbänke noch darunter eingeschoben werden können.

■ Der Rollkasten muss von allen Seiten eine Wärmedämmschicht aufweisen. Sie wirkt auch schalldämmend gegen Außengeräusche.

Haustür

Das Eigenheim steht vor der Vollendung, und der Bauherr freut sich. Die letzten Handwerker werden bald das Grundstück räumen. Nun wartet er auf die Kripo. Die Polizeilichen Beratungsstellen der Bundesländer prüfen kostenfrei, wie sich Häuser und Wohnungen gegen unerwünschten Besuch sichern lassen.

Der Beamte sieht sich gründlich um. Terrassentür und Fenster mit Einbruch hemmendem Verbundsicherheitsglas der Klasse A 3 und ab-

schließbar – okay. 18 mm starke Stahlgitterstäbe an den nicht einsehbaren Fenstern des Hauswirtschaftsraumes und des WC im Erdgeschoss – okay. Bewegungsmelder mit 500-Watt-Strahlern als Außenbeleuchtung, die Rollläden mit Hochschiebesicherung – auch okay.

Dann die Haustür. Profilzylinder, Schutzrosette mit Kernzieh- und Aufbohrschutz, Sicherheitsbeschlag, doppelt gelagerte Bänder, Schwenkriegel aus dreifach gehärtetem Stahl, alles einwandfrei. Dann, schon beim Abschied, klopft der Beamte gegen das Türblatt: „Nanu?" Es klingt dünn und hohl. „Das trete ich, wenn Sie wollen, mit dem Fuß ein." Darauf verzichtet der Bauherr lieber.

Es beginnt ein mehr als viermonatiges Ringen mit dem Bauträger hart am Rand der gerichtlichen Auseinandersetzung. Zum Glück hat sich der Bauherr vertraglich bescheinigen lassen, dass eine Einbruch hemmende Tür nach DIN V, EN 1627, WK 2 eingebaut wird.

Die Deutsche Industrienorm (DIN) und Euronormen (EN), auch für Laien interessant zu lesen, definieren nicht nur Schlösser und Beschläge einer Sicherheitstür, sondern auch ihre Montage und eine Prüfung auf Belastungsgrenzwerte, unter anderen durch Stöße mit einem sandgefüllten, 30 Kilo schweren Medizinball. Als Ergebnis der Belastungsproben wird erwartet: Keine durchgehende Öffnung im Türblatt. Keine Zerstörung der Verriegelungspunkte. Kein Herausfallen der Füllungen.

In der Sicherheitsklasse WK 2 soll die Tür dem „erwarteten Tätertyp" standhalten, wörtlich: „Der Gelegenheitstäter versucht bis zu 3 Minuten zusätzlich durch einfache Werkzeuge (Schraubendreher, Zange und Kette) das verschlossene, verriegelte Bauteil aufzubrechen." Wie der Hersteller einer Sicherheitstür diese Auflage umsetzt, ist seine Sache. Er kann beliebige Materialien und Kombinationen verwenden, beim Türblatt zum Beispiel Massivholz oder die weit verbreiteten Verbundplatten mit glasfaserverstärkten Deckschichten und Einlagen aus Aluminium oder Stahl im so genannten Sandwichverfahren. Hauptsache, er bekommt seine Tür durch die Prüfung bei einem unabhängigen deutschen Prüfinstitut und im Prüfungszeugnis garantiert, dass sein Produkt nach den in den DIN-Vorschriften festgelegten Bedingungen

untersucht wurde und allen Anforderungen entspricht. Das Prüfschild wird auf der Tür angebracht, meist im Türfalz, die Bescheinigung erhält der Kunde.

Na also. Der Bauherr fordert bei seinem Bauträger das Zertifikat an. Aber der muss passen. Die von ihm mit Lieferung einer Sicherheitstür beauftragte Firma hat sich die kostspielige Prüfung nicht leisten wollen. Die Tür, so steht es als Fußangel in der Leistungsbeschreibung, „entspricht den Vorgaben nach WK 2". Nur eben ohne Zertifikat, das Markenhersteller mitliefern. „Entspricht" ist ohnehin ein Gummibegriff, über dessen Inhalt sich vor Gericht lange streiten lässt.

Der Bauherr murrt. Ihm liegt der Spruch des Kripobeamten im Magen. Er hat sich inzwischen informiert, dass die eingebaute Haustür ein 24 mm starkes Türblatt hat, Markenhersteller aber massive Konstruktionsstärken von 74-83 mm anbieten.

Der Bauträger laviert. Die von ihm beauftragte Firma bietet – „sollten Sie eine Türfüllung nach WK 2 wünschen" – den nachträglichen Einbau einer Stahlblechplatte an, versichert aber gleichzeitig, die Bauxitplatte entspreche bereits der Widerstandsklasse A 3. Das ist eine Klassifizierung für Sicherheitsverglasungen, nicht für Sicherheitstüren. Daraus wird der Bauherr nicht schlau. Und WK 2 muss er sich nicht wünschen. Es steht so im Vertrag.

Das Wortgeklingel verbirgt, worum es überhaupt geht – wie immer um Geld. Der Bauträger stellt die von ihm gelieferte Tür als Wertobjekt von 2.250 € dar, wobei er sorgfältig verschweigt, wie viel er dafür seinem Subunternehmer zahlt. Der Bauherr hat sich inzwischen nach Ersatz umgesehen, die Tür eines Markenherstellers kostet inklusive Montage und Putzarbeiten – die bereits installierte Tür muss wieder ausgebaut, Mauerwerk, Strukturputz, Tapete und Siliconkante müssen nachgearbeitet werden – 5.095 €, also mehr als das Doppelte.

Der Bauherr wohnt bereits vier Wochen im neuen Eigenheim, da einigt er sich mit dem Bauträger auf einen Kompromiss. Die Haustür ohne Zertifikat wird aus- und eine mit Zertifikat eingebaut. Den Preisunterschied inklusive Montagearbeiten teilen sich Bauherr und Bauträger. Der erste kann nun ruhig hinter einer soliden Sicherheitstür schlafen, der zweite baut seine Verlegenheitslösung dort ein, wo keine hartnäckigen Fragen gestellt werden.

Die Lektion aus der Kostenfalle Haustür:

■ Einbruch hemmende Haustüren nach WK 2 sollen aus einem Guss hergestellt sein. Nur das perfekte Zusammenspiel von Zarge, Türblatt, Beschlag, Schloss und Türbändern garantiert eine Sicherheitstür ohne Schwachstellen.

■ Sicherheitsverglasungen (mindestens A 3) und Sicherheitstüren (mindestens WK 2) sollten schon in der Leistungsbeschreibung festgehalten werden. Eine vorherige Bemusterung bei einem Markenhersteller ist ratsam und sollte dem Bauherrn erhöhte Kosten wert sein.

■ Vor Vertragsabschluss ist von der Baufirma für die eingeplante Haustür ein Zertifikat der Herstellerfirma vorzulegen, in dem bescheinigt wird, dass die Tür den genannten DIN-EN-Vorschriften entspricht. Ähnliche Formulierungen in der Leistungsbeschreibung ohne Erwähnung des Prüfzertifikats sind nicht eindeutig und daher strittig.

■ Das Prüfschild sollte dauerhaft lesbar am Türblatt angebracht sein.

Fassadenputz

Fassadenputz schützt nicht nur das Haus, sondern schmückt auch sein Äußeres. Er unterliegt hygrothermischen Einflüssen, das heißt, er dehnt sich bei Erwärmung aus und quillt bei Feuchtigkeit. Dabei entstehen Druckspannungen nahe der Oberfläche. Oder der Putz verkürzt sich, sobald er abkühlt oder trocknet. Dadurch entstehen, ebenfalls oberflächennah, Zugspannungen. Trotz dieser Beanspruchungen soll der Putz das darunter liegende Wandmauerwerk zuverlässig vor jedem Wetter schützen und auch bei Frost nicht versagen.

Auf denn. Der Bauherr bestellt den Fassadenputz als so genannten geriebenen Putz für einen später aufzubringenden Anstrich. Die Putzfirma bietet den Fassadenputz zweischichtig als Unter- und Oberputz an und führt ihn auch so aus. Knapp zehn Monate, nachdem der Bauherr das Eigenheim bezogen hat, sieht er am Fassadenputz, nun mit Anstrich, Risse. Die Ursache soll von einem Bausachverständigen geklärt werden. Der lässt den Fassadenputz öffnen und kann das darunter liegende Mauerwerk, also den Putzgrund, als Fehlerquelle ausschließen. Der Fassadenputz wurde, wie vereinbart, zweischichtig ausgeführt. Die Rissbildung tritt, merkwürdig, an der West- und Südfassade, der Wetterseite, häufiger auf als an Nord- und Ostfassade.

Die Aufmerksamkeit des Sachverständigen richtet sich deshalb auf die einzelnen Putzschichten. Es stellt sich heraus, dass die Unterschicht als Kalkputz, die darüber liegende zweite Lage als Kalkzementputz ausgeführt wurde. Durch den Zementzusatz erhält der Oberputz gegenüber dem Unterputz eine höhere Festigkeit. Der Zusatz sei, so verteidigt sich die Putzfirma, wegen des besseren Wetterschutzes notwendig gewesen. Fatale Fehleinschätzung eines Fachunternehmens.

Eine am Mauerwerk haftende weiche Unterputzlage mit einer geringeren Festigkeit als die darauf befindliche harte Oberputzlage – das kann nicht gut gehen. Geringere Festigkeit setzt voraus, dass der Oberputz weich und elastisch ist. Die Oberputzlage war aber nicht elastisch genug, um die hygrothermischen Spannungen aufnehmen zu können. Deshalb waren Risse die Folge.

Die Putzfirma muss nachbessern. Da die Gewährleistung noch läuft, schnappt die Putzkostenfalle mit 7.150 € für Sanierung inklusive Gerüst- und Fassadenanstrich diesmal nicht zu.

Die Lektion aus der Kostenfalle Fassadenputz:

■ Bei zweischichtigem Putzaufbau des Außenputzes mit mineralischen Bindemitteln wie Kalk und Zement ist die Putzregel „Weich auf hart" zu beachten: Unterputz muss eine höhere Festigkeit besitzen als Oberputz.

■ Der Putzgrund – das Mauerwerk – muss vor dem Verputzen auf Fehlstellen untersucht werden. Das können Steinausplatzungen oder offene Fugen sein. Diese sind zu schließen.

■ Fassadenputze aus mineralischen Bindemitteln sind unmittelbar nach dem Anbringen vor Wind und starker Sonneneinstrahlung zu schützen, damit sie nicht zu schnell austrocknen. Durch zu schnellen und intensiven Wasserentzug würde Feuchtigkeit fehlen, die Fassadenputz zum Erhärten benötigt. Stark saugende Putzuntergründe wie Porenbetonmauerwerk müssen vorgenässt werden.

Putzanschlüsse außen

Putz verschönt das Haus, wenn er fachgerecht angebracht wird. Problemzonen sind die Anschlüsse an Öffnungen wie Fenster, Terrassentür und Haustür oder Verschalungen von Dachüberständen. Dort schließt Putz an andere Materialien an, meist Kunststoff oder Holz. In diesen Bereichen wird munter drauflos geputzt, oft frei von Sachkenntnis oder nach dem Merkt-ja-keiner-Prinzip.

Der Bauherr hat Preise verglichen und dann bei der Firma mit dem günstigsten Angebot den Außenputz bestellt. Der wird zweilagig als so genannter Kalkzementputz aufgebracht und mit dem Reibebrett verrieben. Anschließend wird ein gefärbter Oberputz mit einer Körnung von 3 mm als dekorative Schlussbeschichtung aufgebracht. An die Fenster, Fenstertüren und Haustür aus Kunststoff ist der Putz direkt angearbeitet worden. Sieht gut aus, aber nicht lange.

Wird oft gern nachlässig ausgeführt. Der elastische Anschluss zwischen Fensterrahmen und Außenputz fehlt. Rissfuge vorprogrammiert

Bald brechen Fugen zwischen Fensterrahmen und Putz auf, die der Bauherr nicht bestellt hat. Er holt einen Sachverständigen, der auch an mehreren Stellen des Dachkastens Risse und Putzabplatzungen bemerkt. Auch hier ist der Putz direkt an den Dachkasten angebracht worden.

Der Sachverständige untersucht die Anschlussstellen und stellt fest, dass zwischen dem Außenputz und dem Kunststoff der Fensterrahmen, aber auch dem Holz des Dachkastens weder Trennungen noch elastisches Material eingebaut worden ist. Sogar Laien leuchtet ein, dass Materialien einer Fassade wechselnden Temperaturen und Feuchtigkeit ausgesetzt sind, die zu erheblichen Belastungen in Form von Dehnungen oder Verkürzung der Materialien führen.

Bei unterschiedlichen Materialien, wenn zum Beispiel Kalkzementputz auf Holz oder Kunststoff trifft, kommt es schon wegen der unterschiedlich großen Flächenanteile auch zu unterschiedlichen Längenänderungen – Ergebnis: Zwischen Fensterrahmen und Putz entstehen Fugen. Hier kann Feuchtigkeit eindringen und zu Bauschäden führen. Auch die Winddichtigkeit ist nicht mehr gewährleistet. Die Wetterschutzfunktion des Außenputzes ist gemindert.

Risse und Putzabplatzungen im Bereich des Dachkastens haben dieselben Ursachen. Allerdings kommt es bei Holz zu weit größeren Längenänderungen als bei Kunststoff, denn es nimmt Feuchtigkeit aus der Umgebung auf und gibt sie wieder ab. Das Holz des Dachkastens quillt oder schwindet, es ist in ständiger Bewegung. Wenn dann, wie hier, Putz ohne Trennfuge direkt angeschlossen wird, reißt er mit flächenhaften Abplatzungen vom Holz ab.

An den Fensterrahmen, hat die Baufirma anfangs noch beteuert, seien Trennfugen angebracht, natürlich unter dem Putz nicht mehr sichtbar.

Der Sachverständige nimmt sich daraufhin ein Fenster vor und polkt mit einem Schraubenzieher: Trennfuge Fehlanzeige. Angesichts seines Vorschlags, das Experiment auch bei den restlichen 15 Fenstern zu versuchen, wirft die Baufirma das Handtuch. Erwischt.

Eine umfangreiche Sanierung wird fällig. Bei allen Fenster- und Türrahmen wird der Putz an den Verbindungsstellen abgenommen und ein elastisches Putzprofil eingebaut. Auch am Dachkasten wird der Putz vom Holz getrennt, eine Trennlage aus Moosgummi zwischengelegt und die Putzabplatzungen ausgebessert.

Anschließend rüstet der Maler wieder ein und streicht die gesamte Fassade neu. Der Bauherr hat 4.100 € Kosten vermieden und sich die üblichen Ausreden von Baufirmen, „Rissbildung normal, das Haus arbeitet noch" erspart.

Die Lektion aus der Kostenfalle Putzanschlüsse:

■ Unterschiedliche Materialien haben unterschiedliche Eigenschaften und sind obendrein je nach Flächengrößen von unterschiedlichen Längenänderungen bei Feuchte und Temperatur abhängig. Sie müssen grundsätzlich voneinander getrennt werden.

■ Eine rissfreie Trennung zwischen Rahmenmaterial von Öffnungselementen und Außenputz muss mit einem rückstellfähigen Material vorgenommen werden. Dafür gibt es rückstellfähige Putzprofilbänder, welche die Längenänderungen zwischen Putz und Rahmen ausgleichen können und die Anschlussfuge ständig dicht halten, somit Feuchtigkeit am Eindringen hindern und Winddichte gewährleisten.

■ Außenputz nicht ohne Trennung an Holzwerkstoffe anschließen. Eine Trennung kann mit einem Fugenband aus komprimierbarem Moosgummi erfolgen.

Wärmedämmverbundsysteme

Außenwände, die nicht ausreichend Wärme gedämmt sind – zum Beispiel durch die Verwendung von Beton oder Kalksandstein – müssen eine Dämmhaut im so genannten Wärmedämmverbundsystem erhalten. Erst dann funktioniert die Wärmedämmung.

Das Verbundsystem wird auf den Fassaden aufgebracht und dient über die Dämmung hinaus als Wetterschutz. Verbund heißt es deshalb, weil die Wärmedämmplatten mit den Außenwänden verklebt und verdübelt werden. So erhält die Fassa-de ihre bis dahin fehlende Dämmeigenschaft. Das System besteht aus mehreren Komponenten, und zwar den Dämmplatten (Mineralfasern, Kunststoffschäume oder andere, auch natürliche Faserprodukte), dem im Putzmörtel eingearbeiteten Armierungsgewebe und schließlich dem fassadengestaltenden und schützenden Oberputz – also drei Arbeitsgängen.

Der Bauherr lässt sein Einfamilienhaus aus Kalksandstein errichten. Nach Dacheindeckung und Montage von Fenstern und Außentüren beginnt die Baufirma mit dem Wärmeverbundsystem – acht Zentimetern dicken, aufzuklebenden Polystyrolschaumplatten und dem gefärbten und strukturierten Oberputz. Das alles kontrolliert ein Bauüberwacher im Auftrag des Bauherrn.

Schon kurz nach Beginn der Arbeiten fällt ihm auf, dass die mit Klebemörtel angebrachten Dämmplatten nicht überall dicht aneinander stoßen. Im Gegenteil, die Baufirma hat an den senkrechten und waagerechten Stoßkanten breite Fugen bis zu 15 mm gelassen. Auch das Armierungsgewebe stimmt den Bauüberwacher skeptisch. Es sollte aus reißfestem Glasfasergewebe bestehen, aber die Baufirma hat ein preiswertes Kunststoffgewebegitter vorgezogen. Das erfüllt natürlich nicht die Anforderung an Reißfestigkeit bei auftretenden Spannungen.

Der Bauherr verschickt eine Mängelrüge, und die Baufirma korrigiert den Schaden. Ein Glück, dass offene Dämmplattenfugen und Billigmaterial beim Armierungsgewebe rechtzeitig erkannt worden sind. Neben dem Problem der Wärmebrücken, die durch offene Fugen erzeugt werden (s. auch Seite 110), hat ein auf unsachgerecht

verlegten Dämmplatten angebrachter Putz nicht den notwendigen Rückhalt. Dadurch und mit dem Einsatz von minderwertigen Kunststoffgewebegittern sind hässliche Risse in der Fassade vorprogrammiert.

Die Lektion aus der Kostenfalle Wärmeverbundsysteme:

■ An der Fassade verlegte Dämmplatten müssen im Wärmedämmverbundsystem dicht aneinander stoßen. Es sollten deshalb nur Platten mit Stufenfalzrändern oder Nut + Feder verwendet werden.

■ Der Klebeuntergrund muss staub- und fettfrei sowie tragfähig sein. Die Tragfähigkeit des Untergrunds muss besonders bei Altputz- und Altanstrichuntergründen vorher geprüft werden.

■ Die Platten müssen mit jeweils drei Klebebatzen in der Mitte und einem umlaufenden Wulst verklebt werden. Die anschließende Verdübelung der Dämmplatten erfolgt für Wandhöhen bis 8 m mit 6-8 Dübeln je qm.

Ebenheit von Putzflächen

Über Putzoberflächen wird zwischen Bauherr und Baufirma gern gestritten. Der Bauherr verlangt bei der Ausführung eine ebenmäßige Struktur, eine dicht geschlossene, gleichmäßige Oberfläche, unsichtbare Putzansätze und den Putz frei von Beulen. Kein unbilliges Verlangen, aber ausgeführt wird oft das Gegenteil.

Umso wichtiger, dass zwischen Auftraggeber und ausführender Firmen rechtzeitig verbindliche Vereinbarungen über die Beschaffenheit der

Putzoberflächen getroffen werden. Problematisch sind vor allem geriebene Flächen, wenn sie als Schlussbeschichtung nur einen Farbanstrich erhalten.

Genau den hat der Bauherr für sein Eigenheim bestellt, dazu einen geglätteten Gipsputz für den Innenbereich. Nachdem außen ein geriebener Kalkzementputz angebracht ist, wird die Fassade vom Maler gestrichen und das Gerüst wieder abgebaut. Ans Licht der Sonne kommen Beulen

*Beulen und Putzansätze am
Außenputz*

durch ungleichmäßiges Verreiben und deutlich sichtbare Putzansätze auf Höhe des Gerüstbodens.

Kein schöner Anblick, aber leicht erklärbar: Beim Übergang von einer zur anderen Gerüstetage wird die Arbeit am Fassadenputz zwangsläufig unterbrochen. Denn der Putzer kann immer nur bis zum Gerüstboden arbeiten, muss dann nach unten wechseln und dort am oberen Putz anschließen. Klingt einfach und ist einfach, wenn nicht gepfuscht wird.

Der Bauherr nimmt den Schönheitsfehler nicht hin und bestellt einen Bausachverständigen. Der begutachtet mit Richtlatte und anderen Messhilfen den Außenputz und stellt sowohl Unebenheiten im Fassadenputz durch neun Millimeter tiefe Beulen fest als auch Putzansätze im Bereich der Gerüstböden, die sieben bis acht Millimeter von der ebenen Oberfläche abweichen und die Toleranzgrenze von 5.5 Millimeter deutlich überschreiten.

Angesichts der Tatsache, dass die beuligen Putzflächen selbst aus einer Distanz von sechs Metern gut erkennbar sind, einigen sich Bauherr

und Putzfirma außergerichtlich. Die Firma überarbeitet die Fassade und übernimmt auch die Kosten für Malerarbeiten und Rüstung.

Gut gelaufen für den Bauherrn, der aufgepasst hat. Fassadenarbeiten sind teuer und hätten sich in diesem Fall auf knapp 6.000 € belaufen.

Die Lektion aus der Kostenfalle Putzoberflächen:

■ Qualitätsanforderungen an die Ebenheit von Putzoberflächen sollten zwischen Auftraggeber und -nehmer stets schriftlich vereinbart werden, zum Beispiel eine Ebenheit unterhalb der Toleranzgrenze von 5.5 mm, wie sie in der derzeit aktuellen DIN 18202 Tabelle 3 Zeile 6 genannt ist.

Rohre und Kabel im Estrich

Rohrleitungen und Elektrokabel auf dem Fußboden des Eigenheims sind lästig, aber notwendig, denn Steckdosen, Heizkörper oder Wasserhahn brauchen ihre Anschlüsse. Die finden irgendwo zwischen Rohfußboden oder Rohdecke und dem Estrich ihren Platz. Rohrleitungen müssen zudem mit einer Dämmung ummantelt sein und können schon allein dadurch einen Durchmesser von mindestens 40 mm erreichen. Kreuzen sich solche Leitungen, was nicht ungewöhnlich ist, summiert sich das schon mal auf 80-90 mm und – kleine Unebenheiten im Rohfußboden hinzugerechnet – auf 100 mm.

Im Grunde eine Milchmädchenrechnung, zu der auch Baufirmen imstande sein sollten. Dennoch kommt es hier zu Problemen, da oft die Dämmschichten zwischen Estrich und Rohfußboden oder Rohdecke – hier werden innerhalb der Dämmschichten die Leitungen verlegt – nicht die notwendige Höhe für Kabel und Rohre haben. Nachträglich können sie wegen des schon fertigen Rohbaus nicht erhöht werden. So wird dann unvermeidlich an der Dicke des darüber liegenden Estrichs geknapst, mit unangenehmen Folgen, die oft erst viel später auftauchen, in der Bauphase aber vermieden werden können.

Der Bauherr, nun schon ein paar Jahre im neuen Eigenheim, hat sich entschlossen, den textilen Bodenbelag in der Diele durch Fußbodenfliesen zu ersetzen. Als der Bodenbelag abgenommen wird, kommen Risse im Estrich zum Vorschein.

Nanu? Der Bauherr lässt einen Sachverständigen nach der Ursache forschen. Der Estrichboden wird entlang der Risse geöffnet. Schnell wird klar, dass sie den Rohrleitungen folgen. Über den gedämmten Leitungen ist der Zementestrich nur 10-15 mm dick. Viel zu wenig, um den Belastungen zu widerstehen, denen Estrich ausgesetzt ist.

Die Gewährleistung ist abgelaufen, die Baufirma nicht mehr ansprechbar. Alle Rissbereiche müssen geöffnet, Rohre zum Teil verlegt und

Estrichriss auf Grund unzureichender Estrichdicke über den Heizrohrleitungen

Estrich in den Sanierungsbereichen neu eingebaut werden. Um diesen Estrich ausreichend mit dem vorhandenen zu verbinden, wird die Fuge Neuestrich-Altestrich „vernäht". Tatsächlich sieht der sanierte Riss nach Fertigstellung wie eine Operationsnaht aus, weil Schlitze rechtwinklig entlang der Risskante in den Altestrich eingefräst, darin gewellte Edelstahlblechstreifen eingelegt und mit einem Epoxidkleber fixiert wurden. Kosten 1.620 € auf das Bauherrenkonto.

Die Lektion aus der Kostenfalle Rohre und Kabel im Estrich:

■ Zement- und Gipsestriche müssen Rohrleitungen und Kabel um mindestens 45 mm überdecken. Für die notwendige Dicke des Estrichs muss der Durchmesser der ummantelten Leitungen und Kabel hinzugerechnet werden.

■ Sind Rohrleitungen im Bereich des Fußbodens über Erdreich – innerhalb der Dämmschicht – notwendig und kreuzen sich auch noch, muss vom Architekten oder Planer entsprechend mehr Estrich- oder Dämmungsdicke für den Fußbodenaufbau berücksichtigt werden.

■ Die bei einer Sanierung von Estrichflächen verwendeten gewellten Edelstahlblechstreifen an den Riss- und Bruchkanten müssen mindestens 30 cm lang sein. Sie werden zur Hälfte in den Altestrich eingeklebt und ragen mit der anderen Hälfte in den neu einzubringenden Estrich. Ihr Abstand sollte 20 cm betragen.

Schwimmender Estrich

Auf die Fußböden von Erd- und Obergeschoss lässt der Bauherr einen so genannten schwimmenden Estrich aufbringen. Der kann aus verschiedenen Materialien bestehen, zum Beispiel Zement, Gips oder Gußasphalt.

Estriche sollen die Lasten, die auf den Fußboden einwirken, Personen, Möbel, aber auch Bodenbeläge und Fliesen, schadenfrei aufnehmen. Schwimmender Estrich schwimmt auf Dämmschichten – daher der Name – und wird durch sie vom Rohfußboden getrennt. Dämmschichten sollen Wärme und im Obergeschoss auch den Trittschall dämmen. Im Estrich werden auch, falls vom Bauherrn gewünscht, Fußbodenheizungen eingebaut, er wird dann als Heizestrich bezeichnet.

Estricharbeiten überlässt die Baufirma meist einem Subunternehmer, der mit der komplizierten Materie vertraut ist oder vertraut sein sollte. Noch bevor der Zementestrich aufgetragen ist, rügt der vom Bauherrn eingesetzte Bauingenieur die mangelhafte Ausführung der Dämmschichten, Abdeckfolien und Randdämmstreifen.

Die Firma hat die Dämmschichten der Wärmedämmung auf dem Rohfußboden über Erdreich nicht vollflächig verlegt, vor allem in den Raumecken. Dies ist jedoch notwendig, um Wärmebrücken (s. auch Seite 100) zu vermeiden.

Statt Randdämmstreifen aus 8 mm dicken Schaumpolystyrol hat der Subunternehmer nicht rückstellfähige Pappstreifen verwendet. Rückstellfähige Streifen können zusammengedrückt werden und erreichen danach wieder ihre Ausgangsdicke. Dies passiert zum Beispiel, wenn sich Estrich durch eine Fußbodenheizung ausdehnt und bei Abkühlung wieder zusammenzieht. Nur elastische Randdämmstreifen erhalten dann ihre Ausgangsdicke wieder. Dazu sind Pappstreifen nicht in der Lage. Einmal verformt, bilden sie plastische Ausbuchtungen. Das Ergebnis: eine offene Fuge zwischen Estrich und Putz. Randdämmstreifen sollen den Estrich von den umgebenden Wänden trennen, damit Trittschallgeräusche nicht in andere Räume und Etagen übertragen werden können. Unangenehm, wenn

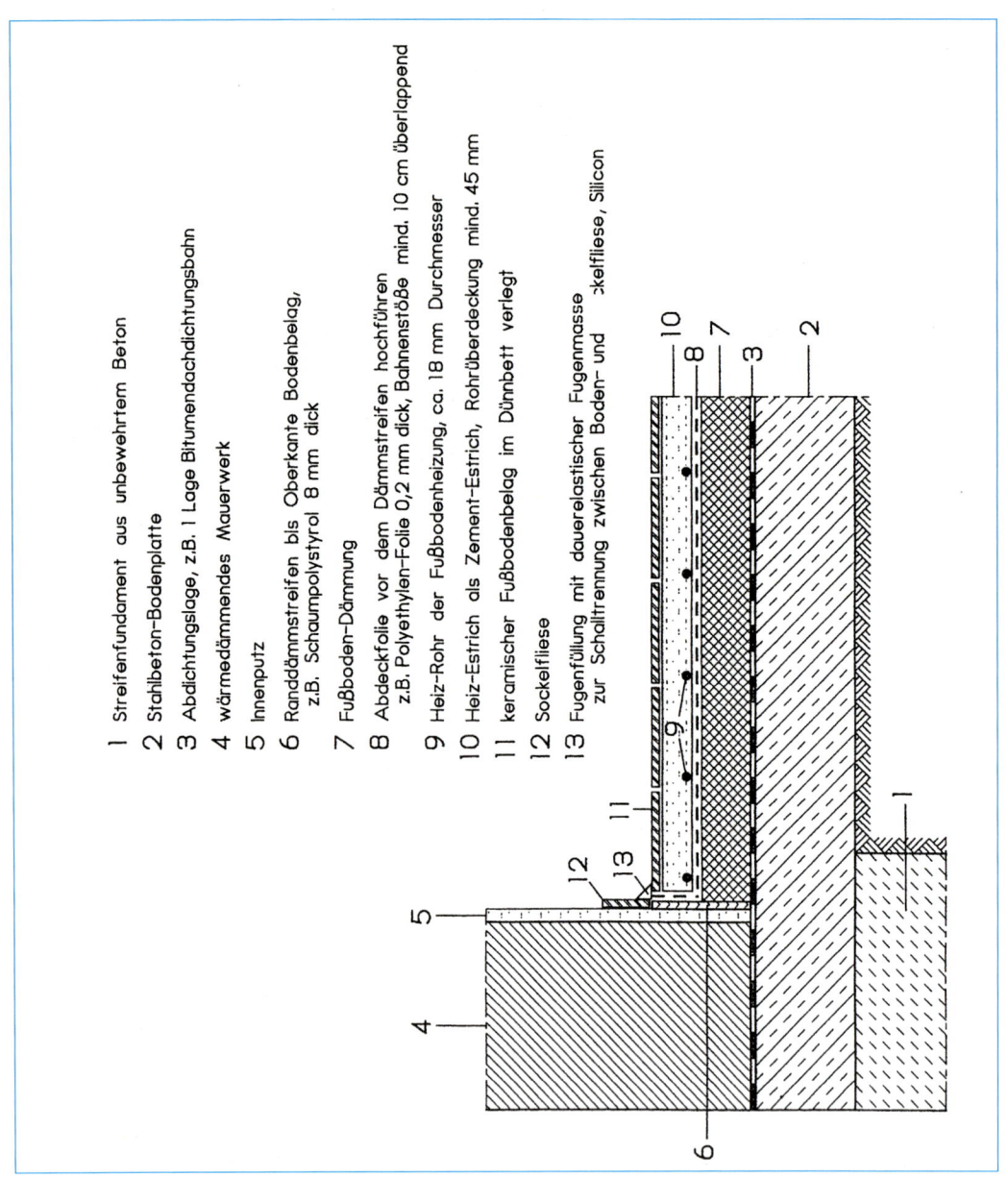

1 Streifenfundament aus unbewehrtem Beton
2 Stahlbeton-Bodenplatte
3 Abdichtungslage, z.B. 1 Lage Bitumendachdichtungsbahn
4 wärmedämmendes Mauerwerk
5 Innenputz
6 Randdämmstreifen bis Oberkante Bodenbelag, z.B. Schaumpolystyrol 8 mm dick
7 Fußboden-Dämmung
8 Abdeckfolie vor dem Dämmstreifen hochführen z.B. Polyethylen-Folie 0,2 mm dick, Bahnenstöße mind. 10 cm überlappend
9 Heiz-Rohr der Fußbodenheizung, ca. 18 mm Durchmesser
10 Heiz-Estrich als Zement-Estrich, Rohrüberdeckung mind. 45 mm
11 keramischer Fußbodenbelag im Dünnbett verlegt
12 Sockelfliese
13 Fugenfüllung mit dauerelastischer Fugenmasse zur Schalltrennung zwischen Boden- und Sockelfliese, Silicon

Estrichanschluss an Wände am Beispiel eines Heizestrichs

Schwimmender Estrich darf wie hier keinen
Verbund zur Wand haben. Vor dem Randdämm-
streifen fehlt die Abdeckfolie - so kann Estrich den
Dämmstreifen hinterlaufen

solche Geräusche dort auftreten, wo sie niemand haben will. Bei unsachgemäßem oder von Sparzwängen geleitetem Einbau falschen Randstreifenmaterials erwartet den Bauherrn später eine kaum behebbare Geräuschkulisse.

Wichtig ist bei allen Estricharbeiten die korrekte Verlegung der Abdeckfolie (meist aus Polyethylen), die unter dem Estrich liegende Dämmschichten schützen soll. Estrich würde sonst in die Zwischenräume der Dämmplattenstöße laufen. Die Folie trennt aber auch Wände und Pfeiler vom schwimmenden Estrich.

Deshalb muss die Abdeckfolie vor den Randdämmstreifen hochgezogen und befestigt werden. Nur so wird vermieden, dass flüssige Estrichmasse hinter den Randdämmstreifen läuft, sich mit den Wänden verbindet und dann Trittschallgeräusche überträgt. Die Folie muss außerdem vollflächig verlegt werden, das heißt, die einzelnen Bahnen, die von der Rollenbreite der Folie abhängig sind, müssen sich um 10 cm überlappen. Nur dann sind sie dicht verlegt.

Alle diese bautechnischen Erfordernisse hat die Estrichfirma, angeblich jahrelang im Geschäft, missachtet. Trotz der vor dem Estricheinbau gerügten Mängel an Dämmlagen, Randdämm-

streifen und Abdeckfolien ist der Zementestrich in einer Nacht- und Nebelaktion eingebaut worden. Bauherr und Bauüberwacher sollten offensichtlich vor vollendete Tatsachen gestellt werden – nach dem Motto: Wer wird es dann noch wagen, bei der Abnahme den kompletten Estrichabriss zu fordern?

Zu früh gefreut. Angesichts der zahlreichen Mängel und der miserablen Ausführung lenkt die Baufirma, die anfangs noch mit Einstellung der gesamten Bauarbeiten gedroht hatte, schließlich ein. Auf eine gerichtliche Auseinandersetzung will sie es dank der mit Fotos und in Protokollen dokumentierten Fehler dann doch nicht ankommen lassen. In solchen Fällen ist es auch nützlich, dass der Bauherr von den Raten des Zahlungsplans einen Teil vertraglich abgesichert einbehält.

Der Estrich in allen sechs Räumen wurde entfernt und beim zweiten Anlauf mängelfrei eingebaut. Ohne die qualifizierten Mängelrügen des Bauüberwachers hätte sich die Baufirma auf das Lamento des Bauherrn, dem für eine sachliche Auseinandersetzung auch detaillierte Kenntnisse fehlten, wohl nicht eingelassen. Ein nachträglicher Abriss und die nachfolgende Sanierung hätten sich allein für den Estrich auf 4.400 € belaufen, plus Kosten für Bauverzögerung, längerer Verbleib in der Mietwohnung, Änderung des Umzugstermins, neu zu verlegender Bodenbeläge einschließlich Fliesen und sanitärer Installation, also rund 5.000 €. Der Bauherr ist noch einmal mit einem blauen Auge davon gekommen. Estricharbeiten, das weiß er jetzt, gehören zu den heikelsten Problemen beim Hausbau.

Die Lektion aus der Kostenfalle Schwimmender Estrich:

■ Auf vollflächige und dichte Verlegung von Wärme- oder Trittschalldämmschichten bis in die Raumecken achten. Diese Dämmschichten werden erst nach Einbau des Innenputzes verlegt!

■ Für die Randdämmstreifen ist geeignetes elastisches Material – möglichst flexibles, zusammendrückbares und rückstellfähiges Schaumpolystyrol – in allen Räumen umlaufend lückenlos zu verlegen. Soll im Estrich eine Fußbodenheizung eingebaut werden, müssen Dämmstreifen mindestens 8 mm dick sein.

■ Randdämmstreifen müssen die Höhe des Fußbodenaufbaus um zwei Zentimeter überragen und dürfen besonders bei harten Belägen auf dem Estrich – Bodenfliesen, Laminat und Parkett – nicht mit den Wänden in Berührung kommen. Dadurch werden Trittschallübertragungen in andere Räume vermieden. Die für Fußböden zuständige Firma muss nach Abschluss ihrer Arbeit überstehende Randstreifen abschneiden.

■ Abdeckfolien müssen sich im Stoßbereich um zehn Zentimeter überlappen und vor dem Randdämmstreifen hochgezogen werden, um ein Hinterlaufen des Dämmstreifens zu verhindern.

Dämmungen in Fußböden

Dämmungen in Fußböden sollen wärme- und schalldämmend sein. Sie werden zwischen dem Rohfußboden oder der Rohdecke und dem Estrich aufgebracht, zusammen mit dem Estrich und dem Fußbodenbelag durch Möbel und Personen belastet und müssen diesen Lasten Widerstand leisten können.

Das dachte auch der Bauherr, der Wärmedämmung und Estrich bei einer Fachfirma bestellte. Nach den Arbeiten verlegte eine andere Firma Laminat in mehreren Räumen und der Fliesenleger die Bodenfliesen in Diele, Küche und Bädern. Sieht schön aus, und der Bauherr konnte sich zufrieden zurücklegen. Aber nicht lange. Nach einem Jahr stellen sich zwischen Sockel- und Bodenfliesen hässliche Risse ein.

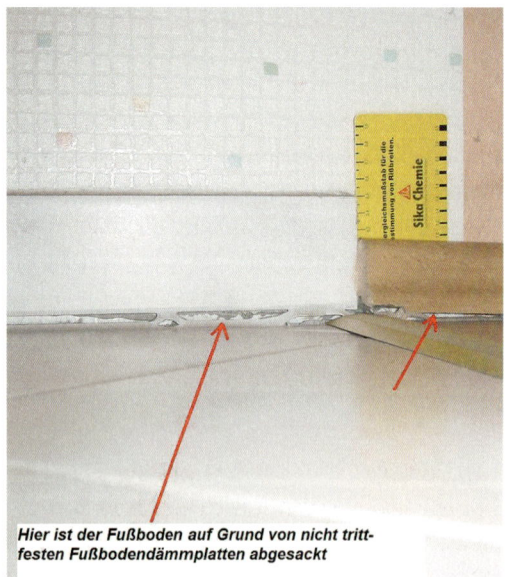

Hier ist der Fußboden auf Grund von nicht trittfesten Fußbodendämmplatten abgesackt

Wenig später verabschiedet sich auch der Laminatboden von der an der Wand befestigten Sockelleiste. Die Fugen sind teilweise bis zu zehn Millimeter breit. Der Bauherr beschwert sich bei Boden- und Fliesenleger. Die sind sich keiner Schuld bewusst und meinen, dass die Ursache des Schadens im Fußboden zu suchen sei.

Dem geht ein Sachverständiger auf den Grund. Er öffnet den Estrichboden an drei Stellen und entnimmt Proben der Dämmung. Im Labor wird festgestellt, dass die auf dem Fußboden im Erdgeschoss eingebaute zehn Zentimeter dicke Wärmedämmung nicht genügend druckbelastbar und für den Fußboden ungeeignet ist. Der Estrichleger hat eine preisgünstige Variante eingebaut, die sich unter der Last des Fußbodens bis zu 12 mm zusammendrücken ließ.

Auf den Bauherrn kommt ein erheblicher Sanierungsaufwand zu. Er nimmt sich einen Rechtsanwalt und erreicht nach langwierigen Verhandlungen, dass die Sanierungskosten des Estrichbodens einschließlich Laminatbelag und Boden-

fliesen in Höhe von 7.250 € von der Estrichfirma übernommen werden. Auf den Kosten für Rechtsanwalt, Sachverständigen und Umzug für zwei Monate in eine Mietwohnung in Höhe von 3.000 € bleibt der Bauherr sitzen.

Die Lektion aus der Kostenfalle Dämmungen in Fußböden:

■ Wichtig bei jedem Hausbau sind das Dämmungsmaterial, die Dämmungsdicke und der Grad, bis zu dem es sich zusammendrücken lässt. Sie entscheiden maßgeblich über die Belastbarkeit des Fußbodens. Für die Wohnnutzung muss die Produkteigenschaft eine entsprechende Belastbarkeit besitzen.

■ Zwingend erforderlich ist ein Energiebedarfsausweis, der die Dämmqualitäten beschreibt und den der Architekt erstellt, sowie die Überwachung des Bauunternehmens durch einen Fachmann, damit die im Ausweis benannten Dämmqualitäten sachgerecht umgesetzt werden.

Geräusche in Heizungsrohren

Wer möchte schon ein Haus ohne Heizung oder gibt sich mit einem Ofen zufrieden? Heizkörper also. Aber dazu gehören auch Rohrleitungen, die durch den Estrich stoßen, und die müssen sachgemäß verlegt werden. Um lästige Geräusche zu vermeiden, sind Vorlauf- und Rücklaufleitungen, je eine pro Heizkörper, sorgfältig zu ummanteln.

Ein Bauträger ist am Eigenheim des Bauherrn zugange und lässt den Estrich von einem Subunternehmer einbauen, ein durchaus übliches Verfahren. Ärgerlich nur, wenn eine solche Firma

Basiskenntnisse vermissen lässt oder schludrig und gedankenlos arbeitet. Der vom Bauherrn bestellte Sachverständige stellt bei der Abnahme des Estrichs fest, dass die zu den Heizkörpern hochgeführten Rohre nicht mit Dehnungsmanschetten ummantelt sind.

Der Estrich wird im Bereich der Heizrohre herausgestemmt, die Heizrohre mit einer Schaumpolystyrolmanschette dicht anliegend ummantelt und die Fehlstellen des Estrichs ausgeglichen. Ohne Ummantelung würden die Rohre unangenehme Knack- und Knirschgeräusche von sich

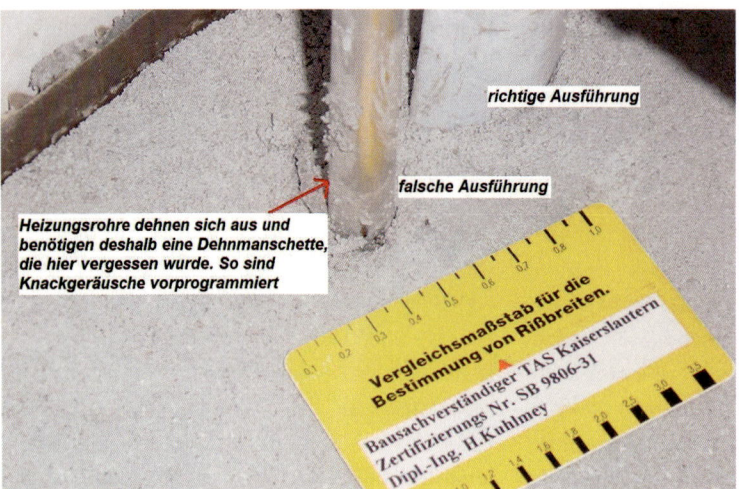

richtige Ausführung

falsche Ausführung

Heizungsrohre dehnen sich aus und
benötigen deshalb eine Dehnmanschette,
die hier vergessen wurde. So sind
Knackgeräusche vorprogrammiert

geben, denn sie dehnen sich beim Betrieb der
Heizung durch Erwärmung und Abkühlung des
Materials sowohl im Durchmesser als auch in
der Länge aus. Da das gesamte Heizungssystem
miteinander verbunden ist, würden die Rei-
bungsgeräusche in jeden Raum des Eigenheims
übertragen – Rohrleitungen eignen sich hervor-
ragend als Schallbrücken.

Da die Estrichfirma nicht nur eine Rohrman-
schette vergessen hat, sondern alle, sind insgesamt 14 Rohrleitungen sanierungsbedürftig.
Vorhersehbar, dass der Bauherr in seinem Ei-
gentum künftig mit einer prächtigen Geräuschkulisse hätte leben müssen. Bei der Abnahme
nicht genau hingesehen, und die Mängelbeseitigung hätte ihn später mindestens 900 € gekostet.

Die Lektion aus der Kostenfalle Geräusche in Heizungsrohren:

■ Um jede Heizrohrleitung gehört eine dicht an-
liegende Dehnmanschette. Um Rohrdehnungen
gut aufnehmen zu können, sollten sie mindestens acht Millimeter Wandungsdicke haben.

■ Dehnmanschetten werden vorzugsweise aus
elastischem und rückstellfähigem Material wie
geschäumtem Polystyrol verwendet, das nach
Abkühlung der Rohrleitung keine Fuge zwischen Rohr und Estrich zulässt.

■ Dehnmanschetten sind auch bei Warm- und
Kaltwasserleitungen vorzusehen, wenn sie durch
Fußböden, Decken und Wände geführt werden.

Heizestriche

Jeder Heizestrich, ob zement- oder gipsgebun-
den oder aus anderen Materialien (Gussasphalt),
soll nicht nur Wärme aus der Fußbodenheizung
gleichmäßig in die Räume abgeben, sondern für
die Aufnahme der Bodenbeläge und anderer Lasten tragfähig sein. Deshalb wird er einer Auf-

und Abheizprüfung unterzogen, bevor Bodenbeläge darauf verlegt werden dürfen. Das ist erforderlich, um den Heizestrich für die aufzubringenden Bodenbeläge wie Fliesen, Naturstein oder Parkett „belagreif" herzustellen, wie es in der Fachsprache heisst. Da sich durch den Heizbetrieb höhere, thermisch bedingte Beanspruchungen ergeben, schwinden und dehnen sich Heizestriche mit einem erhöhten Rissrisiko.

Trocken- sowie Auf- und Abheizphase setzen voraus, dass mindestens fünf bis sechs Wochen vergehen, bevor die Bodenbeläge aufgebracht werden. Diese Zeitspanne muss im Bauablauf berücksichtigt und die Termine fixiert werden.

Aber der Bauträger ist in Zeitverzug und beauftragt daher den Fliesenleger, die Bodenfliesen schon zwei Wochen nach dem Estricheinbau auf dem Heizestrich zu verlegen. Es ist Sommer, die Sonne strahlt, und der Estrich müsste, kalkuliert der Bauträger im Gottvertrauen, vorzeitig ausgetrocknet sein. Die Auf- und Abheizphase lässt sich ja später nachholen. Gedacht, getan, gepfuscht.

Die Bodenfliesen sind verlegt, es wird auf- und abgeheizt, da spielen die Bodenfliesen nicht mehr mit und lösen sich vom Untergrund. Der Bauherr besieht das Desaster und holt dann einen Sachverständigen, denn der Einzugstermin muss um acht Wochen verschoben werden und der Bauherr für diese Zeit weiter Miete zahlen.

Der Sachverständige notiert: Weder Bauträger noch Fliesenleger haben beachtet, dass der Untergrund für die Belegung mit Fliesen noch nicht genügend trocken war. Während der nachträglichen Auf- und Abheizphase verformte sich der Estrich und riss. Dadurch lösten sich die Bodenfliesen. Ein Heizprotokoll war den Beteiligten unbekannt. Nach dem üblichen Lamento einigen sich Bauherr und Baufirma, dass der Schaden wegen mangelhafter Leistung kostenfrei besei-

tigt wird und die Firma für zwei Monatsmieten aufkommt. Schadensgröße inklusive Mietkosten: 4.600 €.

Die Lektion aus der Kostenfalle Heizestrich:

■ Von der Estrichfirma ist ein Auf- und Abheizprotokoll vorzulegen, vom Heizungsbauer zu berücksichtigen und von diesem sowie vom Bauherrn oder seinem Vertreter (Architekt, Bauüberwacher) zu unterzeichnen. Aufheizbeginn Zementestrich: 21 Tage nach Einbau, bei Gipsestrich: 7 Tage nach Einbau.

■ Zement- oder gipsgebundene Heizestriche dürfen nicht höher als mit 60° Celsius Vorlauftemperatur aufgeheizt werden, Gussasphaltestriche höchstens mit 45° Celsius.

■ Das Auf- und Abheizen des Estrichs muss vor der Verlegung der Bodenbeläge erfolgen, um Schäden durch sich ablösende Beläge zu vermeiden. Die Estrichrestfeuchte ist durch Boden- oder Fliesenleger mindestens einmal pro Raum zu prüfen. Zementestrich ist bei einer Restfeuchte von 2 % belagreif, Gipsestrich bei 0.5 %.

■ Die Aufheizphase beginnt gewöhnlich mit 25° Celsius und soll in 5°-Schritten bis zu einer Vorlauftemperatur von 55° Celsius geführt werden. Die maximale Vorlauftemperatur ist fünf Tage ohne Absenkung zu halten. Abgeheizt wird in Schritten von 10° Celsius, bis eine Oberflächentemperatur des Heizestrichs von 18 ° Celsius erreicht ist.

■ Der Zeitraum ab Estricheinbau bis nach Durchführung der Auf- und Abheizphase muss im Bauterminplan mit bis zu sechs Wochen berücksichtigt werden.

Ständerwände im Trockenbau

Trennwände als Trockenbaukonstruktion sind bei Eigenheimen überall dort üblich, wo Wände keine Lasten aufnehmen müssen. Ihre einzige Funktion ist die Raumtrennung. Sie werden vorwiegend als Metallständerwände hergestellt, manchmal auch als Holzständerwände. Für die Konstruktion werden Metallprofile oder Hölzer an Decke und Rohfußboden angeschraubt und mit senkrechten Metallprofilen – Steher oder Ständer genannt – verbunden.

Daran werden von beiden Seiten Gipsfaser- oder Gipskartonplatten geschraubt. Diese Bekleidungsplatten sind nur 9.5, 12.5, 15, 18, 20 oder 25 mm dick, also dünn und zerbrechlich. Gipsfaserplatten sind aus Gips, denen bei der Herstellung Gipsfasern als Bewehrung beigemischt werden. Ohne diese Fasern würde die Gipsplatte nicht einmal geringe Biegungen aufnehmen können und bereits bei Transport oder Verarbeitung zerbrechen. Bei Gipskartonplatten übernimmt Kartonpapier die Funktion der Armierung. Es wird schon bei der Fertigung auf beiden Seiten aufgebracht.

In den Hohlraum zwischen den Metallständerwänden und Bekleidungsplatten wird Dämmstoff gefüllt. Dazwischen ist auch noch Platz für Elektrokabel und Rohrleitungen mit kleinerem Durchmesser. Bei einem größeren Durchmesser – zum Beispiel zehn Zentimeter dicken Abwasserrohren – können zwei Trockenbauständerwände parallel ausgeführt und die Rohrleitungen dazwischen verlegt werden. Die leichten Trockenbauständerwände sind nicht jedermanns Sache. Wichtig ist vor allem der Schallschutz.

Der Bauherr hat sein Eigenheim bei einem Bauträger bestellt und dieser wie üblich den Trockenbau einem Subunternehmer übertragen. Schon kurz nach dem Einzug fällt dem Bauherrn auf, dass im Schlafzimmer in der Nähe der Decke immer wieder Risse in der Wandtapete auftreten. Außerdem stört das Geräusch der Toilettenspülung im nebenan liegenden WC.

Der herbei gerufene Sachverständige entdeckt zusätzlich Risse in den Gipskartonplatten unter der Wandtapete. Doch das eigentliche Problem liegt ganz woanders. Bei einer Messung der Decke über Erdgeschoss stellt sich heraus, dass die Konstruktion aus Stahlbeton mit einer Spannweite von 5.40 m in der Mitte um 22 mm durchhängt. Dieser Durchhang stellte sich erst nach dem Bezug des Eigenheims durch die volle Belastung ein, trat also in der Bauphase noch nicht auf. Ein solcher Deckendurchhang ist bei jeder Decke normal und bei dieser Spannweite bis 18 mm auch zulässig. Nur vier Millimeter mehr sind eine geringfügige Überschreitung.

Hinzu kommt aber ein Fehler des Subunternehmers. Zwischen Decke und Deckenmetallprofil der Ständerwände fehlt der elastische Trennstreifen, zwischen Decke und Gipskartonplatte die Verfugung mit elastischem Dichtstoff. So stießen die nur mit Gips verspachtelten Platten auf beiden Seiten der Ständerwand zum Zeitpunkt des Einbaus direkt an die Stahlbetondecke. Toleranzüberschreitung und fehlende elastische Fugen summierten sich zu Druck auf die Gipskartonbekleidung und führten letzlich zu Rissen.

Noch ärgerlicher ist die Geräuschursache bei der Toilettenspülung. Dafür musste erst die Trockenbaudoppelständerwand zwischen Schlafzimmer und WC geöffnet werden. Die Stichprobe bringt ans Tageslicht, dass nicht nur die gesamte Dämmung zwischen den beiden mit Gipskartonplatten bekleideten Ständerwänden fehlt, sondern auch die Schall dämmende Ummantelung des Abwasserrohrs.

Außerdem ist die Gipskartonverkleidung, die auf Wunsch des Bauherrn schallschützend jeweils zweilagig ausgeführt werden sollte, auf der Schlafzimmerseite nur einlagig vorhanden – sieht ja keiner. Bilanz: Drei Plattenlagen statt vier, kein Wanddämmstoff, kein gedämmtes Abwasserrohr, das bedeutet zweifache Ersparnis für den Subunternehmer – Material und Zeit.

Und wie reagiert der Subunternehmer? Beim Vor-Ort-Termin mit dem Bauträger beklagt die Trockenbaufirma dessen magere Bezahlung, der Bauträger wiederum spricht von Unfähigkeit, hat aber anscheinend vergessen, dass er für das Eigenheim den Bauleiter stellt. Der glänzte während der Trockenbauarbeiten offenbar durch Abwesenheit.

Wenn Baufirmen scharf auf den Euro schielen, ist der Bauherr meist der Dumme. Hier nicht. Der Bauträger als Vertragspartner des Bauherrn muss die rechtzeitig entdeckten Mängel und Schäden beseitigen lassen. Er trägt auch die Instandsetzungskosten von 1.060 €. Lästige Sanierungsarbeiten von zwei Wochen im bereits bezogenen Haus nimmt der Bauherr in Kauf.

Die Lektion aus der Kostenfalle Ständerwände im Trockenbau:

■ Bei Anschlüssen von Ständerwänden im Trockenbau an Decken ist der Durchhang der Decke mit zu berücksichtigen und vor Montage der Trockenbauwand zu prüfen. Eine Fuge zwischen Gipskartonplatte und Stahlbetondecke von fünf bis acht Millimetern sollte eingeplant werden, um eine Deckenverformung (Deckendurchhang) bei voller Deckenlast auszugleichen und den Druck der Decke auf die empfindlichen Gipskartonplatten zu vermeiden. Zwischen Decke und Deckenmetallprofil der Ständerwand wird ein elastischer Trennstreifen eingebaut.

■ Der Abstand der u-förmigen Metallprofile an Decke und Rohfußboden und der mit ihnen verbundenen senkrechten Ständer sollte – bedingt durch die Maße der Gipskartonplatten – in der Regel 62,5 cm betragen.

■ Sind Hängeschränke an Trockenbauständern geplant, müssen zwischen den senkrechten Metallständern in Höhe der späteren Befestigung waagerecht Bohlen – etwa 50 mm dick und 150 mm hoch – eingezogen werden. Die Lage der Bohlen sollte dann auf der Außenseite der Gipskartonplatten markiert werden.

■ Trennwände an schutzbedürftigen Räumen – zum Beispiel zwischen Bad/WC und Schlafzimmer – sollten wegen möglicher Schallquellen grundsätzlich von beiden Außenseiten zweilagig mit Gipskarton- oder Gipsfaserplatten verkleidet und der Hohlraum zwischen den beiden Plattenverkleidungen voll mit Dämmstoff ausgefüllt werden. Welche Räume für eine solche Geräuschdämmung in Frage kommen können, muss schon bei der Planung des Eigenheims berücksichtigt werden.

■ In Feuchträumen wie Bädern, Toiletten und Duschen werden imprägnierte Gipskartonplatten – kurz GKBi-Platten – verwendet. Bei diesen Feuchtraumplatten ist das Kartonpapier grün eingefärbt und somit leichter erkennbar.

■ Baufirmen meiden gern das Wort Gipsfaser- oder Gipskartonplatten in der Leistungsbeschreibung und reden lieber von beplanktem Ständerwerk. Das klingt solider, meint aber dasselbe.

Trockenbauverkleidungen an Decken und Dachstühlen

Trockenbaukonstruktionen sind mit Gipskarton- oder Gipsfaserplatten verkleidete Flächen. Die Platten werden an Holzlattungen oder Metallprofilen angebracht, die an Decken und Dachstühlen verschraubt sind. Diese Praxis hat ihre Vorteile. Sie spart Zeit und vor allem Wasser, das während der Bauphase reichlich verwendet wird. Das muss sonst erst verdunsten.

Deshalb ist eine im Trockenbauverfahren hergestellte Verkleidung gegenüber dem mit viel Wasser anzumischenden Putzmörtel im Vorteil. Eine Zeitersparnis führt zu geringeren Lohnkosten. Das ist auch vorteilhaft für den Bauherrn, denn bei einer Ausführung mit Putz und einer an Decken und Schrägen angebrachten Putzträgerplatte, die den Putz aufnimmt, kommt er wegen der beiden lohnintensiven Arbeitsgänge nicht so günstig davon.

Trockenbauverkleidungen an Dachschrägen und Decken sind nicht einfach und werden deshalb nicht von jedem Handwerker mängelfrei ausgeführt. Dadurch hat sich der Beruf des Trockenbauers etabliert, obwohl sich viele Handwerker anderer Fachgebiete in Sachen Trockenbau einiges zutrauen und oft zuviel.

Dachstühle aus Holz sind die häufigsten Unterkonstruktionen für die spätere Verkleidung mit Trockenbauplatten aus Gipsfaser und -karton an Decken und Dachschrägen. Hier lauern bei fehlerhafter Ausführung Risse in den Platten.

Der Bauherr ist bei seinem Eigenheim der Firma Wir-können-alles aufgesessen. Sie ist eigentlich in der Sparte Heizungs- und Sanitärbau zuhause, erledigt aber gleich die gesamte Trockenbaukonstruktion mit. Bei Dachschrägenverkleidung und Deckenverkleidung am Dachstuhl kann aber von erledigt keine Rede sein. Der Bauherr, dem die Einweihungsfeier noch gut in Erinnerung ist, sieht sich bereits kurz danach mit Rissen an den Gipskartonplatten der Decken und Dachschrägen im Obergeschoss konfrontiert. Das ernüchtert.

Die Firma argumentiert mit der im Gewerbe beliebten Ausrede „Das Holz im Dachstuhl arbeitet

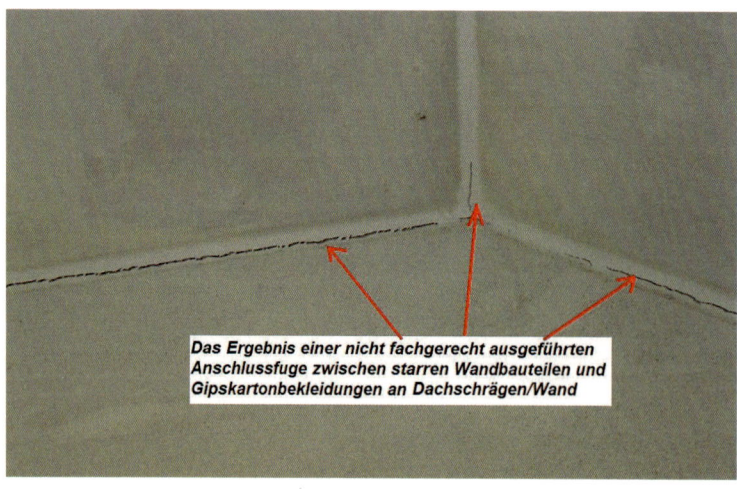

Das Ergebnis einer nicht fachgerecht ausgeführten Anschlussfuge zwischen starren Wandbauteilen und Gipskartonbekleidungen an Dachschrägen/Wand

Der Dichtstoff an den Gipskartonplatten ist gerissen

noch". Es arbeitet zumindest zuverlässiger als die Alleskönner im Trockenbau. Die Risse in der Verkleidung werden Inhalt eines längeren Schriftwechsels mit der üblichen Hinhaltetaktik. Da die Angelegenheit nicht vorankommt, beauftragt der Bauherr einen Sachverständigen. Der soll die Schadensursache herausfinden, Vorschläge für die Beseitigung der Mängel machen und feststellen, wer für den eingetretenen Schaden verantwortlich ist. Außerdem sollen alle Trockenbauarbeiten noch einmal kontrolliert werden.

Nach Einsicht in die Projektunterlagen wird die Gipskartonverkleidung geöffnet. Dabei stellt sich heraus, dass alle Anschlüsse der Decken und Dachschrägenbekleidung an die Mauerwerkswände wie auch die Anschlüsse der Decken an die Dachschrägen mangelhaft ausgeführt worden sind: die Anschlussfugen zwischen Gipskartonplatten und Wandputz sind mit Gips ausgespachtelt worden. Darüber wurde ein elastischer Dichtstoff geschmiert. Der hätte in die Fugen gehört und ist mit der jetzigen Haftung an Putz, Gipskartonkante und Gipsspachtelmasse überfordert. Diese so genannte Drei-Flanken-Haftung muss unbedingt vermieden werden. Denn dadurch wird der Dichtstoff durch Längenänderungen in zwei Richtungen überbeansprucht und reißt.

Ein zweiter Fehler stellt sich heraus: Die Gipskartonverkleidung muss – so schreibt es die Planung des Architekten vor – einem Feuer dreißig Minuten lang widerstehen, um die tragende Dachkonstruktion zu schützen. Die verwendeten Gipskartonplatten mit einer Lage von 12,5 mm erfüllen diese Anforderung jedoch nicht. Die Vorgabe hätte die Baufirma den Projektunterlagen entnehmen können, die so genannte Feuerschutzplatten aus Gipskarton oder Gipsfaser vorsehen.

Die Firma musste nun die gesamte Verkleidung am Dachstuhl entfernen und durch eine zweilagige Verkleidung mit 12.5 mm dicken Gipskartonfeuerschutzplatten ersetzen. Mit 7.100 € Sanierungskosten hat sich die Baufirma in der eigenen Kostenfalle verfangen.

Die Lektion aus der Kostenfalle Trockenbauverkleidung an Decken und Dachschrägen:

■ Anschlüsse von Gipskarton- und Gipsfaserplatten an starre Bauteile wie Mauerwerkswände sind mit Trennstreifen auszuführen. Die Fugenabdichtung mit dauerelastischem Dichtstoff zwischen Wand und Gipskartonplatte muss ohne Gipsspachtel ausgeführt werden, sodass nur zwei Berührungsflanken entstehen. Die Fugenbreite, in die der Dichtstoff eingefüllt wird, sollte fünf bis acht Millimeter betragen, die Fugentiefe sich an den Dicken der Gipskartonplatten ausrichten. Als Fugendichtstoff sollte Acryl gewählt werden. Es ist, anders als Silicon, überstreichbar.

■ Im Brandschutznachweis, den meist der Statiker erstellt, ist auch der erforderliche Feuerwiderstand für die Verkleidung des Dachstuhls benannt: Feuer hemmend heißt 30 Minuten Feuerwiderstandsdauer, hoch Feuer hemmend 60 Minuten, feuerbeständig 90 Minuten. Je nach Bundesland und der entsprechenden Landesbauordnung ist die Feuerwiderstandsdauer für die Verkleidung des Dachstuhls unterschiedlich festgeschrieben – von 30 Minuten bis gar nicht. Bei einer Feuer hemmenden Verkleidung sollten zum Beispiel zwei Lagen Gipskartonfeuerschutzplatten mit der Bezeichnung GKF A2 mit je 12.5 mm Dicke verwendet werden. Die Platten sind mit GKF gestempelt und lassen sich überprüfen, wenn sie auf der Baustelle eintreffen.

■ Trockenbaukonstruktionen sollten Fachunternehmen für Trockenbau anvertraut werden.

Wärmebrücken in Fußböden

Die Wärme dämmende Gebäudehülle des Eigenheims sollte im Winter wohlige Wärme und im Sommer ein hitzefreies und angenehmes Innenklima bescheren. Die Dämmschichten sind auf Fußböden, Kellerdecken und an Dächern verlegt, die Fassaden schützt Wärme dämmendes Mauerwerk. Diese Wärme dämmende Hülle umfasst das zu beheizende oder zu kühlende Gebäudevolumen.

Es geht dabei um Energiekosten, denn je weniger in Heizung oder Kühlung investiert werden muss, umso günstiger der Kontostand. Auch gesundes Wohnklima und die Vermeidung von Schimmelpilzen (s. Seite 110) gehören in den Bereich Wärmedämmung.

Hier greift die Energieeinsparverordnung (EnEV), die vom Gesetzgeber 2002 verabschiedet und seitdem mehrmals aktualisiert worden ist. Die darin genannten Normen (DIN) und Richtlinien haben Gesetzeskraft, ein Verstoß gegen die EnEV ist auch ein Verstoß gegen bestehendes Recht.

Fußböden auf der Bodenplatte, die auf dem Erdreich oder auf der Kellerdecke liegt, schließen die Wärme dämmende Gebäudehülle nach unten ab. Dort können leicht Wärmebücken (s. Seite 109) entstehen. Auch Baufirmen kommen beim Thema Wärmedämmung leicht ins Stolpern.

Der Bauherr, durch geschädigte Freunde vorgewarnt, sucht schon vor Beginn der Arbeiten in diesem Bereich den Rat eines Fachmanns. Der Sachverständige schlägt vor, alle Abnahmen von Gewerken (Leistungsabschnitten) durch Teilabnahmen zu ergänzen. So würden alle Arbeitsschritte nur nach und nach freigegeben, zum Beispiel erst die Wärmedämmung, dann der Estricheinbau. Gerade hier werden Dämmplatten oft nicht dicht verlegt, liegen – nachdem sich die Installateure ausgetobt haben – Rohrleitungs- und Kabelbündel zum Teil kreuz und quer auf dem Rohfußboden, ohne Raum für die Dämmung zu lassen. Auch der Fertigteilschornstein für den Kamin sollte, so wollte es die Tiefbaufirma, ohne unterlegte Wärmedämmung auf den Rohfußboden gestellt werden.

So ist es richtig: Fußbodenabdichtung (1), Schaumglas als lastabtragende Dämmung (2), Betonschornstein (3), Bodenplatte (4)

Einwände wiegelte die Baufirma ab und versuchte, den Bauherrn mit Drohgebärden wie Noch-nie-gehört, Noch-nie-so-gemacht einzuschüchtern. Sie winkte mit dem Abbruch der Bauarbeiten, bis der Bauherr kurzerhand auf Einbau der Wärmedämmung unter den Betonelementen bestand. Recht so. Denn dadurch wurde eine klassische Wärmebrücke vermieden, für die der Bauherr Jahr für Jahr die Zeche in Form steigender Heizenergiekosten hätte zahlen müssen. Ganz abgesehen von möglichen Schäden am Estrich (s. Seiten 96-100).

Die Lektion aus der Kostenfalle Wärmebrücken in Fußböden:

■ Wärme- und Trittschalldämmplatten auf Fußböden müssen dicht aneinander stoßend verlegt werden, um Wärmebrücken zu vermeiden

und dem Estrich eine belastbare Unterlagen zu geben.

■ Rohrleitungen und Kabelbündel in Wärmedämmungen der Fußböden sind zu vermeiden. Hier ist die Detailplanung des Architekten bei der Führung der Leitungen und Kabel gefragt. Die Dicke der Dämmung darf – auch bei Trittschalldämmung – nicht eingeschränkt werden, da ihre Funktion beeinträchtigt wird. Wärme- und Schallbrücken sind die Folge.

■ Schwere und Last tragende Bauteile wie Schornsteine, Wände, Pfeiler aus Materialien mit schlechten Wärmedämmeigenschaften wie Beton, Kalksandstein, Stahl etc., müssen auf Last abtragenden Dämmungen stehen, wenn Bodendämmungen an solche Bauteile anschließen. Diese Dämmungen bestehen aus Schaumglas mit einer sehr hohen Druckbelastbarkeit.

Wärmebrücken in Fassaden

Fassaden schließen die Wärme dämmende Gebäudehülle an den Seiten ab und sind immer wieder Anlass für die geplante oder ungeplante Entstehung von Wärmebrücken, die besser Kältebrücken oder Kältelöcher heißen sollten.

Wärmebrücken schon im Planungsstadium? Ja, wenn falsch geplant wurde oder, auch das kommt vor, überhaupt keine Planung im Wärme dämmenden Bereich existiert. Ungeplante Wärmebrücken dagegen sind Mängel bei der Bauausführung, basierend auf Unkenntnis, Schlendrian oder vermeintlichen Kosteneinsparungen. Leider endet das Gewinnstreben vieler Baufirmen erst mit dem Abschluss der Bauarbeiten.

Bei einem Stichprobenbesuch der Baustelle wird

der Bauüberwacher auf die angelieferten Ziegel-U-Schalen aufmerksam. Die bestehen aus Mauerwerksmaterialien wie Porenbeton, Hochlochziegeln oder Kalksandstein, sind u-förmig und haben die Funktion einer Schalung. Sie nehmen Bewehrungsstahl und Beton für den Ringanker auf, ein rings um die Außenwände laufendes Band in Geschosshöhe, das für die Stabilität der Wände zuständig ist. An den Außenseiten der U-Schalen müssen, wie auch an Trägern in Fassaden, Wärmedämmungen installiert sein.

Der Bauüberwacher stellt fest: Die Ziegel-U-Schalen haben keine Wärmedämmung. Er lässt sie gerade noch rechtzeitig austauschen. Hier hätte eine Wärmebrücke mit hohen Heizenergiekosten und mit Schimmelbildung entstehen kön-

Ziegel-U-Schalen mit Dämmkern für Außenwände

nen. Fatal, denn durch Wärmebrücken hervor gerufener Schimmel ist in diesem Bereich nur schwer zu erkennen.

Wärme, genauer: Wärmeströme, fließt immer in Richtung Kälte. Im Bereich von Wärmebrücken kühlt das Bauteil aus, Ergebnis: Kalte Innenflächen von Außenwänden treffen auf warme Raumluft.

Besonders im Winterhalbjahr mit Beginn der Heizperiode kommt es dann zur Schimmelpilzbildung. Deren Ausmaß ist vom Raumklima (Luftfeuchte und Temperatur) abhängig, vom Tauwasser auf Innenseiten von Außenfassaden, zum Beispiel auf Anstrich, Tapete, Putz, Fliesenfugen oder in Putz und Mauerwerk nahe dieser Innenseiten. Überall dort kondensiert der in der Raumluft befindliche Wasserdampf, und Wasser ist nun mal die Voraussetzung für Schimmelpilze, die sich dann bei der immer vorhandenen Wärme und Nahrung (Tapeten- und Leiminhalte wie Papierfasern, Wohnstaub) schnell vermehren können.

Mit Tauwasser durch mangelhafte Dämmung und Wärmebrücken kann der Schimmelpilz Myzels (Stränge) und Fruchtkörper bilden. Diese Fruchtkörper identifizieren wir als Schimmelpilzflaum, und der erzeugt immer wieder neue Schimmelpilzsporen – die Spirale dreht sich weiter. Schimmel in Wohnungen kann allergische Krankheiten auslösen und muss überall, wo er auftritt, sofort bekämpft werden.

Weitere Wärmebrücken in Fassaden sind Ausplatzungen und nicht dicht geschlossenes Mauerwerk (offene Fugen) oder Fehlstellen durch andere ins Mauerwerk greifende Materialien mit schlechteren Wärmedämmeigenschaften (s. Seiten 49, 50 und 56).

Fenster- und Türleibungen, die seitlich von Fassadenöffnungen befindlichen Mauerwerksflächen, und der obere Abschluss dieser Öffnungen im Bereich der Träger werden heute meist als so genannter glatter Anschlag hergestellt.

Das heißt: Die Fensterrahmen erhalten seitlich kein vorgesetztes dämmendes Mauerwerk und oben keinen vorgesetzten dämmenden Sturzträger mehr. Diese Aufgabe soll vielmehr der Fensterrahmen, meist als Hohlprofil aus Kunststoff, als Teil der Fassade mit übernehmen und kann es materialbedingt natürlich nicht. Hier wird aus Kostengründen an der Wärmedämmung gespart.

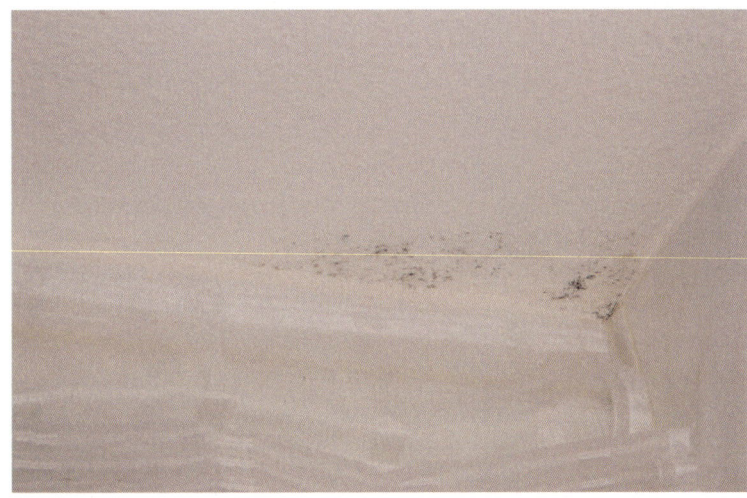

Schimmel im Bereich von
Wärmebrücken

Wärmebrücken mit nachfolgender Schimmelpilzbildung finden sich besonders oft bei Neubauten mit glattem Anschlag.

Bei versetzten Mauerwerksleibungen schützen Wärme dämmendes Mauerwerk und Wärme dämmende Träger direkt vor dem Rahmenprofil.

Im vorliegenden Fall war die Planung leider mit glatter Leibung erfolgt und eine Änderung in der Bauphase nicht mehr möglich, da sich Bauträger und Bauherr nach erbrachter Leistung nicht über die Änderungskosten einigen konnten.

Die Lektion aus der Kostenfalle Wärmebrücken an Fassaden:

■ Wärmedämmungen gehören grundsätzlich an die Außenseite des Bauteils und sind dicht aneinander stoßend einzubauen.

■ Wärme dämmendes Mauerwerk muss fehlstellenfrei, ohne Ausplatzungen und offene Fugen errichtet werden.

■ Ringanker, Sturzträger, Betonstützen, Stahlträger in Fassaden benötigen eine Wärmedämmung auf der Außenseite. Dieses gilt für alle Baumaterialien mit schlechten Wärmdämmeigenschaften wie Beton, Stahl, Kalksandstein und ähnlichem nicht dämmenden Mauerwerk.

■ Öffnungen in Fassaden sollten mit versetzten Leibungen hergestellt werden, um Wärmebrücken zu vermeiden. Die Hersteller der Ziegelsysteme haben entsprechende Wärme dämmende Anschlagziegel und Sturzträger im Fertigungsprogramm. Hier sollte vom Bauherrn bereits im Planungsgespräch mit dem Architekten Einfluss genommen werden.

■ An Fensterbänken müssen äußere und innere Fensterbank durch eine Dämmplatte getrennt werden.

Wärmebrücken im Dach

Die Wärme dämmende Gebäudehülle wird oben mit der Dachkonstruktion abgeschlossen. Bei Sparren- und Kehlbalkendächern (s. Seite 66) liegt die Wärmedämmschicht zwischen den Sparren und Kehlbalken und nennt sich Gefachdämmung. Bei Binderdachkonstruktionen, also ohne Dachausbau, liegt die Wärmedämmung auf der Holzdecke, die die Gebäudehülle nach oben abschließt, dem so genannten Binderuntergurt.

So weit, so gut. Der Bauherr sieht der bevorstehenden Abnahme der Dachkonstruktion leichten Herzens entgegen, da hier eigentlich keine großen Probleme zu erwarten sind. Doch bald holt ihn die Wirklichkeit ein. Ihn erwarten kleine Fehler im Bereich der Wärmedämmung, die sich zu großen Wärmebrücken, sprich: Kältelöchern, auswachsen können. Der Bausachverständige als Begleiter des Bauherrn entdeckt zwischen den Sparren an den Wohndachfenstern bis zu zehn Zentimeter breite, nicht mit Dämmung ausgefüllte Hohlstellen. Auch die Gefachdämmung zwischen den Sparren wurde nicht konsequent in allen Bereichen am unteren Abschluss des Sparrens bis auf das Wärme dämmende Mauerwerk geführt.

Auch die Bodeneinschubtreppe zum Dachfenster ist ein Wärme dämmendes Element und hätte deshalb mit einer Wärmedämmschicht an der Bodenklappe versehen sein müssen, eine von vielen Nachlässigkeiten in der Bauausführung.

Aber Wärmebrücken in Dachflächen werden besonders im Winter, wenn Schnee auf dem Dach liegt, verräterisch sichtbar, denn hier taut Schnee schnell ab, weil Wärme ungehindert ins Freie strömt. Dort, wo eine Wärmedämmung angebracht ist, bleibt der Schnee liegen.

Die Mängel wurden mit Fristsetzung behoben und der Dachstuhl dann abgenommen. Erhöhte Heizenergiekosten und möglicher Schimmelfall sind dem Bauherrn erspart geblieben (s. auch Seite 110).

Die Lektion aus der Kostenfalle Wärmebrücken im Dachbereich:

■ Dämmmaterial muss entsprechend der Wärmeleitgruppe und erforderlichen Dicke eingebaut werden. Diese Angaben stehen im Energiebedarfsnachweis (Wärmeschutznachweis), den der Bauingenieur oder der Architekt des Bauherrn bei der Planung erstellt. Auch auf den Verpackungsfolien des Dämmmaterials sind Wärmeleitgruppe und Materialdicke aufgedruckt. Die am häufigsten verwendeten Wärmeleitgruppen (abgekürzt WLG) sind 030, 035 und 040. Je niedriger der Wert, um so besser die Wärmedämmeigenschaft.

■ Dämmungen müssen dicht aneinander stoßend eingebaut werden, um Wärmebrücken zu vermeiden. Wichtig sind die Anschlüsse an Dachfenstern oder anderen Dachdurchdringungen wie Schornsteinen und Entlüftungsrohren. Ebenso wichtig ist die vollständige Überlappung des Dämmmaterials bis auf die volle Breite der Mauerkrone des Wärme dämmenden Mauerwerks.

Boden- und Sockelfliesen

Boden- und Sockelfliesen im Innenbereich schmücken das Heim, müssen aber sorgfältig ausgesucht und verlegt werden. Fliesen sollen der Belastung des Bodens gerecht werden und sicher zu begehen sein. Es geht also neben Belastung und Rutschsicherheit auch um möglichst geringen Oberflächenabrieb.

Ein heikles Kapitel. Angesichts des umfangreichen Auftrags und der hohen Kosten für Fliesen und Fliesenleger hat der Bauherr den Fachbetrieb mit besonderer Sorgfalt ausgesucht. Das Unternehmen soll Boden- und Sockelfliesen in Flur, Küche, Bad, WC und Wohnraum verlegen.

Auf den ersten Blick sieht alles perfekt aus. Doch bereits kurz nach dem Einzug ins neue Heim sind störende Laufgeräusche aus den Räumen mit Fliesenbelag im Obergeschoss zu vernehmen. Als nach zwei Jahren auf den Bodenfliesen in Flur und Küche Laufspuren sichtbar werden, platzt dem Bauherrn der Kragen. Er bestellt den Chef der Fliesenfirma ein. Der gibt dem Bauherrn zu verstehen, dass er nicht wissen könne, wie der Bauherr mit seinen Fliesen in der Zwischenzeit umgegangen sei. Außerdem sei er als Fliesenleger nicht Hersteller der Bodenfliesen und deshalb auch nicht zuständig.

So geht das einige Wochen hin und her. Offenbar sind hier härtere Bandagen gefragt. Ein Bausachverständiger hat die Ursache der Trittschallgeräusche, die aus dem Obergeschoss übertragen werden, schnell geklärt: Der Fliesenleger hat – leider kein seltener Fehler – die Sockelfliesen der Wände ohne Trennung direkt an die Bodenfliesen angearbeitet und dort mit Mörtelfugenmasse verfugt, anstatt eine elastische Fugenmasse zu nehmen.

Folge: Auf den Bodenfliesen erzeugter Trittschall wird über diese Mörtelfuge als Schallbrücke in Sockelfliesen und Wände übertragen.

Auch die Laufspuren auf den Bodenfliesen lassen sich aufklären. Diese sind schon bei der Lieferung fehlerhaft gewesen. Das ist tatsächlich auf die Herstellerfirma zurückzuführen, aber in Sachen Gewährleistung ist der Fliesenleger in der Pflicht.

Er kann sich nicht darauf berufen, dass er nicht Hersteller der Fliesen ist. Der Bauherr hat einen Vertrag mit dem Fliesenleger geschlossen und nicht mit dem Fliesenhersteller. Hier greifen also Haftung und Gewährleistung – die zum Glück noch nicht abgelaufen ist.

Die Firma muss die Flächen sanieren. Die Sockelfliesen werden neu und diesmal trittschallgetrennt verlegt. Eine aufwendige Arbeit über mehrere Räume, die den Bauherrn drei Wochen in seiner Bewegungsfreiheit behindert. Aber die saftigen Kosten – rund 3.750 € – hat er gespart.

Die Lektion aus der Kostenfalle Boden- und Sockelfliesen:

■ Oberflächen von glasierten Bodenfliesen sind hinsichtlich ihrer Abriebfestigkeit in 5 Beanspruchungsgruppen eingeteilt. Für eine mittlere Beanspruchung – zum Beispiel im Wohnbereich – sollte mindestens die Abriebgruppe 3, für stärkere Beanspruchungen in Diele und Flur mindestens die Gruppe 4 und für Bad/WC bei geringer Beanspruchung die Gruppe 2 verwendet werden. Rutschsicherheiten von Bodenoberflächen werden auch für Fußbodenfliesen in Rutschfestigkeitsklassen (R 9 bis R 13) eingeteilt. Je höher die Klasse, desto rutschsicherer die Oberfläche. Dies sollte besonders bei Fußbodenfliesen in Bädern/WC, im Bereich von Hauseingängen und Fluren (nasses Schuhwerk!) oder in Räumen, die von Balkonen oder Dachterrassen her betreten werden können, beachtet werden.

■ Fliesen werden meist im so genannten Dünnbettverfahren verlegt. Dabei werden bis fünf Millimeter Mörtelkleber mit der Glättkelle aufgetragen und durch Abkämmen mit einem Kammspachtel auf gleiche Höhe gebracht. Wegen des später kaum mehr möglichen Höhenausgleichs erfordert dieses Verfahren einen exakt ebenen Untergrund.

■ Sockel- und Bodenfliesen müssen wegen möglicher Trittschallübertragungen immer getrennt werden. Verwendet wird eine dauerelastische Fugenmasse.

■ Der Randdämmstreifen des Estrichlegers muss so hoch sein, dass er den Estrich um die Belagdicke (Fliese und Kleber oder Mörtel) der später zu verlegenden Fußbodenfliesen überragt. So ist eine Schalltrennung zu den Wänden gesichert. Der Fliesenleger schneidet überstehende Reste vor Verlegung der Sockelfliesen ab.

Fliesen auf Terrassen und Balkonen

Fliesen im Außenbereich, vor allem auf Balkonen und Terrassen, werden nicht immer fachgerecht verlegt. Das fängt schon beim Fußbodenaufbau und den passenden Fliesen an. Im Außenbereich wird ihnen eine Menge abverlangt. Im Sommer setzt den Fliesen oft extreme Wärme zu, im Winter Frost und Feuchtigkeit. Deshalb müssen sie frostsicher, abrieb- und rutschfest sein. Der Handel bietet die entsprechende Ware an. Die Schwachstelle liegt woanders: Der Fugenmörtel wird bei schlampiger Ausführung als erster versagen und Risse bilden.

Der Bauherr hat auf der Terrasse seines Eigenheims durch eine Fachfirma frostsichere Bodenfliesen verlegen lassen. Der Fliesenunterbau, eine Stahlbetonplatte, wurde mit einer zementgebundenen Dichtschlämme abgedichtet und dann die Fußbodenfliesen im so genannten Dünnbettverfahren – siehe auch Seite 51 – verklebt. Das heißt: Eine Klebeschicht wurde mit einem kammförmigen Spachtel aufgetragen, die Fliesen direkt in dieses Dünnbett verlegt und anschließend verfugt. Doch die Fachfirma ist keine, wie sich bald zeigen wird.

Nach zwei Jahren zeigen sich Risse im Mörtel der Fliesenfugen. Auf die Beschwerden des Bauherrn reagiert der Fliesenleger nicht. Also muss ein Sachverständiger die Ursache für den Schaden ermitteln. Der macht eine Stichprobe, öffnet den Fliesenbelag, betrachtet Betonplatte, Dichtschlämme sowie Fliesen und hat den Fehler schnell gefunden: Da Fliesen Temperaturwechseln stärker ausgesetzt sind als die darunter liegende geschützte Betonplatte, strecken und verkürzen sie sich auch stärker als die Platte – es kommt zu Spannungsdifferenzen, die durch eine Entspannungsmatte aus Kunststoff zwischen den beiden Materialien hätten vermieden werden können.

Bei Arbeiten im Außenbereich hätte die Firma eine Mörtelschicht als Unterlage für die Fliesen

*So wird eine Entspannungs-
matte aus Kunststoff zwischen
Betonboden oder Estrich und
Fliese verlegt*

verlegen müssen, statt mit Dünnbettklebeschicht und Kammspachtel zu arbeiten. Denn die Zähne des Spachtels hinterlassen beim Auftragen der Klebeschicht streifenförmige Hohlräume. Dort kann Regenwasser eindringen und bei Frost den Fliesenbelag absprengen.

Der Sachverständige schreibt über die ausgeführten Arbeiten ein Negativgutachten, das den Fliesenleger bewegt, die Terrasse zu sanieren. Der Bauherr hat zum Glück eine Gewährleistung von vier Jahren vereinbart und spart jetzt 3.850 € Sanierungskosten.

ting wird der Mörtel auf dem Fußboden aufgebracht, beim Buttering auf der Fliesenrückseite. Beide Verfahren können miteinander kombiniert werden.

■ Im Außenbereich sollten Fliesen der Rutschsicherheitsklasse R 12 verwendet werden. Sie sollten außerdem abriebfest und frostsicher sein. Dafür eignen sich zum Beispiel Steinzeugfliesen oder Platten aus Naturstein.

Die Lektion aus der Kostenfalle
Fliesen auf Terrassen und Balkonen:

■ Fliesen im Außenbereich müssen durch Entspannungsmatten vom Boden getrennt werden. Diese Matten besitzen eine strukturierte Oberfläche, auf der Klebemörtel gut haftet.

■ Dünnbettkleber, die mit einem Kammspachtel aufgetragen worden sind, taugen nicht für Flächen im Außenbereich. Hier muss Mörtel im so genannten Floating- oder Butteringverfahren hohlraumfrei aufgebracht werden. Beim Floa-

Wandfliesen

Wenn Fliesenarbeiten anstehen, neigt sich der Bau dem Ende zu. Wandfliesen finden meist in Bädern, WC-Räumen, Küchen und Freizeiträumen Anwendung. Sie werden fast nur noch im so genannten Dünnbett verlegt. Das ist ein Klebeverfahren, bei dem der Fliesenkleber mit bis zu fünf Millimetern Fliesendicke per Kammspachtel auf die Wand aufgetragen wird. Der Spachtel gewährleistet durch seine Kammform eine gleichmäßige Auftragsdicke.

Das Dünnbettverfahren hat den Vorteil, dass – eine ebene und gerade Wandfläche vorausgesetzt – schnell gearbeitet werden kann. Beim Dickbettverfahren wird Zementmörtel auf der Fliesenrückseite aufgetragen und die Fliese mit dem Mörtel an die Wand gesetzt. Das dauert zwar länger, ist also kostenintensiver, hat aber den Vorteil, dass Untergrundunebeneinheiten durch den Mörtel ausgeglichen werden können.

Alles kein Problem für versierte Fliesenleger,

wenn nicht gepfuscht wird. Der Bauherr ist kein Hellseher und hat bei einem Fliesenlegemeister, der einen guten Eindruck macht, die Wandfliesenverlegung in Küche, Bad und WC bestellt. Es soll im Dünnbrettverfahren gefliest werden. Doch was sieht er nach geleisteter Arbeit? Die Wandfliesenfläche wölbt sich und klingt bei Klopfprobe hohl. Kein Vertrauen erweckendes Geräusch.

Die Firma hat ihr Geld bekommen und keine Eile, den Mangel zu besichtigen. Der Bauherr nutzt die Wartezeit und sucht bei einem Bausachverständigen Rat und Hilfe. Der nimmt Proben an Fliesen, Kleber und Untergrund. Die Auswertung ergibt: Der Kleber ist keine Verbindung mit der Fliesenrückseite eingegangen. Das liegt weder an den Fliesen noch am Klebermaterial, sondern am Pfusch bei der Verarbeitung. Auf dem Kleber hat sich eine Haut gebildet. Dadurch ist keine ausreichende Klebeverbindung mit der Fliese mehr vorhanden.

Das abgenommene Fliesenstück zeigt: Der Fliesenkleber hat nicht an der Fliesenrückseite gehaftet

Was ist passiert? Offenbar hat der Fliesenleger zwar den Kleber aufgetragen, dann aber wohl gefrühstückt.

In der Zwischenzeit ist der Kleber angetrocknet. Die Fliesen werden zwar dennoch an die Wand gepresst, halten aber nicht. An den Rückseiten der Fliesen ist kein haftender Kleber zu erkennen.

Das Ergebnis wird der Firma mitgeteilt, die wegen der bestehenden Gewährleistung nun viel Zeit aufwenden darf, die Mängelbeseitigung vorzunehmen. Denn der gesamte Fliesenbelag muss an der betroffenen Wand abgebrochen, entsorgt und neu verlegt, WC und Waschbecken demontiert und wieder angebaut werden.

Der erhebliche Arbeitsaufwand hätte bei einer Sanierung ohne Gewährleistung rund 1.250 € kosten können. Der Bauherr hat den Griff in die Tasche gespart. Nur das Bad kann er zwei Wochen nicht benutzen.

Die Lektion aus der Kostenfalle Wandfliesen:

■ Untergründe, auf denen gefliest werden soll, müssen staub- und fettfrei sein. Auf jeden Fall muss eine Grundierung erfolgen, damit Kleber oder Mörtel auf dem Untergrund haften.

■ Wenn im Dünnbettverfahren mit einer Kleber- oder Mörtelschicht von fünf Millimeter Dicke gearbeitet wird, muss der Untergrund absolut eben sein. Das ist für den Putzuntergrund schon mit der Firma für den Wandputz zu vereinbaren. Nach der Grundierung muss der Fliesenleger die Wandfläche noch planeben spachteln.

■ Hautbildungen auf Mörtel und Klebeschichten entstehen durch Oberflächenverdunstung des Wassers und müssen unbedingt vermieden werden. Sonst lässt die Haftfähigkeit nach, und die Verbundwirkung zwischen Fliese und Kleber oder Mörtel wird massiv eingeschränkt.

Vorbereitende Arbeiten für Bodenbeläge

Sobald der Bodenbelag verlegt wird, sieht der Bauherr endlich Licht am Ende eines langen Tunnels. Die Bauarbeiten kommen dann zum Abschluss, und die Firma für Bodenbeläge ist meist das letzte Gewerk, das die Baustelle verlässt – im Guten wie im Bösen.

Zu den Bodenbelägen zählen mit Ausnahme von Bodenfliesen und Natursteinbelägen gängige Materialien wie Teppichböden, Kunststoff, Linoleum, Kautschuk, Laminat, Parkett und Kork. Alle Materialien fungieren als Nutzschicht und besitzen eine gleich bleibende Materialdicke. Mit ihnen kann also kein Ausgleich von Unebenheiten vorgenommen werden.

Estrich kann nicht hundertprozentig eben sein und ist ein stark saugendes Material. Daher muss die Estrichoberfläche mit einer Grundierung versehen werden – einem Anstrich, der die Oberfläche verschließt, bevor zum Ausgleich von Unebenheiten eine Flächenspachtelmasse aufgetragen wird.

Doch grau ist alle Theorie. Der Bauherr hat einen Vertrag mit dem Bodenleger geschlossen und verlässt sich darauf, dass die Arbeiten korrekt ausgeführt werden. Kaum sind – letzter Arbeitsgang – die Fußbodenleisten angebracht, werden erste Mängel sichtbar. Der Fußbodenbelag wellt sich, was auch ein ungeübtes Auge deutlich erkennt, denn die Wellenlinien zeichnen sich gegen die Fußbodenleisten ab.

Der Bauherr bittet um Abhilfe. Der Bodenleger stellt sich stur – der Fußboden sei ausreichend eben wie der Estrich und somit abnahmereif. Anlass zur Mängelrüge gebe es nicht. Da ist der Bauherr anderer Ansicht.

Ein Fachmann öffnet den Bodenbelag und stellt fest, dass sich der Bodenleger den Ausgleichspachtel gespart hat. Der Estrich ist nicht eben. Das lässt sich kaum noch als Lapsus abtun, sondern ist unseriöse Arbeit. Der ertappte Bodenleger darf nun den Estrich von den Kleberesten des abgeräumten Bodenbelags säubern, einen voll-

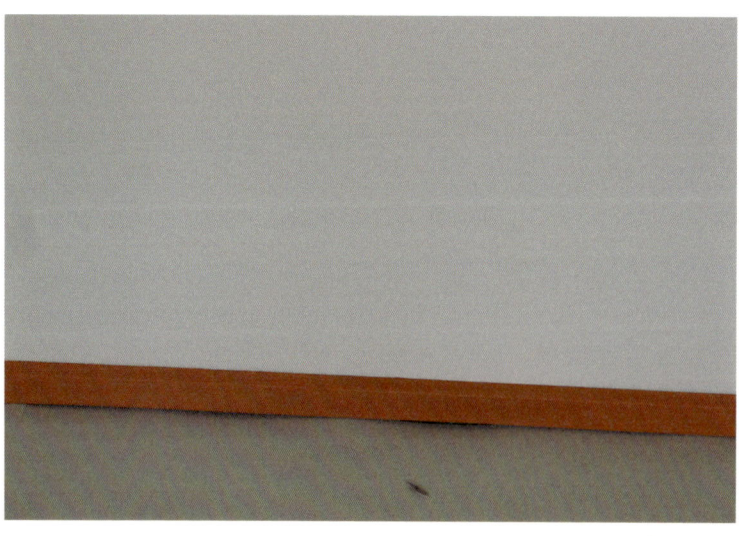

Vor der geraden Sockelleiste zeichnet sich der Bodenbelag wegen der fehlenden Flächenspachtelung wellenförmig ab.

flächigen Ausgleichsspachtel aufbringen und den Fußbodenbelag mit den Fußbodenleisten komplett neu einbauen. Überflüssiger Ärger und eine Woche Verzug der abschließenden Bauarbeiten. Aber der Bauherr hat 2.900 € gespart, die bei einer späteren Sanierung fällig gewesen wären.

Die Lektion aus der Kostenfalle Vorbereitende Arbeiten für Bodenbeläge:

■ Die Estrichflächen müssen wegen der stark saugenden Eigenschaft des Materials grundiert werden. Erst dann wird der Flächenspachtel aufgetragen. Bei sehr glatten Estrichoberflächen wie Gipsestrichen müssen die Oberflächen zum Aufrauen des Untergrunds zusätzlich angeschliffen werden, um genügend Haftung für die nachfolgende Spachtelschicht zu schaffen.

■ Ohne aufgebrachten Ausgleichsspachtel geht es nicht. Das ergibt sich schon aus einer zulässigen Ebenheitstoleranz für Estrichböden von fünf Millimetern bei einem Messpunktabstand von zwei Metern.

■ Beim Ausgleich von Bodenflächen muss auf die Übergänge zu benachbarten Räumen geachtet werden, sonst können dort hässliche Absätze entstehen. Die unterschiedliche Dicke der Beläge ist zu berücksichtigen. Zum Beispiel können Parkett- und Linoleumböden bis zu 15 mm voneinander abweichen.

Laminat- und Parkettböden

Laminat- und Parkettböden aus Holzfasern oder Holz sind neben Bodenbelägen aus Textilien, Kunststoff, Kautschuk und Linoleum gern gewählte Produkte. Laminate bestehen aus Holzfaserplatten mit Kunststoffbeschichtung. Sie sind oberflächenfertig und preiswerter als Parkettböden, die nach dem Verlegen noch mit Klarlack, Ölen oder Wachsen versiegelt werden müssen.

Die Oberflächen von Parkettböden können aber, wenn sie verschlissen sind, anders als Laminat durch Schleifen und Versiegeln aufgearbeitet werden und haben dadurch eine höhere Lebensdauer. Ein verschlissener Laminatboden muss ausgetauscht werden. Bei der Verlegung beider Materialien müssen Feuchtigkeit und Ebenheit des Untergrundes beachtet werden. Den muss der Bodenverleger vorher prüfen.

Der Bauherr hat Laminat- und Parkettboden verlegen lassen und soll die fertige Arbeit nun abnehmen. Dazu sieht er keinen Anlass, da zwischen den aneinander gereihten Laminatelementen deutliche Höhenunterschiede und beim Parkettboden eine Wölbung sichtbar ist. Das tut der Bodenleger – beliebte Ausrede – als kleinere Mängel im Toleranzbereich ab. Der Bauherr holt einen Fachmann. Der prüft die Verlegearbeiten und stellt schnell fest, dass der Laminatboden nicht eben und dort, wo die Laminatelemente aneinander stoßen, in der Höhe versetzt ist. Überzahnbildung – das sind geringfügige Absätze zwischen Holz- oder Laminatteilen – entsteht beim Verlegen, wenn der Bodenleger die Elemente mit zu hohem Kraftaufwand zusammenfügt oder ungeeignetes Werkzeug anstelle speziellen Verlegewerkzeugs verwendet und so die Kanten aufbauscht.

Die Unebenheiten beim Laminat waren 0.5-0.7 mm hoch – das Dreifache des zulässigen Wertes. Der Parkettboden wies eine Teilflächenaufwölbung von vier Millimetern auf zwei Meter Länge auf. Die Ursache: Zwängungen. Das heißt: Eine Teilfläche des Parkettbodens wölbte sich, da die Längenausdehnung durch Wände und Heizungsrohre behindert war. Wurde der Raum beheizt, dehnte sich das Parkettmaterial aus und stieß bei einer Fuge von nur 1 Millimeter schnell an seine Grenzen. Erforderlich wären 10-15 mm gewesen.

Pfusch also. Ergebnis: Der Bodenleger musste die Laminatfläche komplett austauschen und beim Parkett die schadhafte Teilfläche abnehmen, ehe er sie mit dem notwendigen Fugenabstand neu einbauen konnte. Die Kosten von 1.450 € durfte sich die Firma selbst in Rechnung stellen.

Die Lektion aus der Kostenfalle Laminat und Parkettboden:

■ Holz und Holzwerkstoffe, aus denen Parkett und Laminat hergestellt werden, sind hygroskopisch beeinflussbar – das heißt: Sie nehmen Feuchte (Wasser, Wasserdampf) auf und quellen oder schwinden, wenn das Wasser verdunstet und nehmen Schaden. Daher sollte auf der Bodenfläche vor den Parkettarbeiten immer eine Sperrfolie verlegt werden. Für Räume mit ständigen Luftfeuchtigkeiten um 60 % (Küche, Bad) sind Laminat und Parkett nicht geeignet.

■ Laminat- und Parkettmaterial sollten in den Räumen gelagert werden, in denen sie verlegt werden, möglichst schon drei Tage vorher. Dann nehmen sie das Raumklima an.

■ Nach den Laminat- und Parkettarbeiten sollte der Bodenleger seinem Auftraggeber Reinigungs- und Pflegehinweise übergeben.

■ Der Abstand zwischen Laminat oder Parkett und Zwangspunkten wie Wänden oder anderen begrenzenden Bauteilen muss mindestens zehn Millimeter betragen, damit sich der Belag dehnen kann. Bei Fußbodenheizungen sollte die Dehnfuge 15 mm breit sein.

■ Durch nachgiebige Böden oder zu hohen Kraftaufwand bei der Verlegung können sich zwischen den einzelnen Laminatteilen oder Parketthölzern Unebenheiten aufwerfen. Die Toleranzgrenze für solche Stolperstellen endet bei 0.15 mm (Laminat) oder 0.20 mm (Parkett).

■ Bei der optischen Beurteilung der Verlegequalität nicht zu nah heran (beugen, hinlegen). Der richtige Betrachtungsabstand ist aufrecht stehend.

Sockelleisten und Bodenbelagsübergänge

Die Wandabschlüsse von Bodenbelägen jeder Art, weichen Teppich- oder Kunststoffböden und harten Parkett- oder Laminatböden, müssen durch Sockelleisten abgedeckt werden. Diese sind aus Kunststoff, Holz oder Holzwerkstoffen wie mit Leim versetzten Holzspänen und überdecken die Anschlussfuge zwischen Bodenbelag und Wand. Diese Fuge, zehn Millimeter breit, ist erforderlich, weil sich Bodenbeläge nach der Verlegung durch die Raumtemperatur noch ausdehnen. Sockelleisten schützen aber auch Wandbeläge, etwa Tapeten, wenn der Fußboden gereinigt wird.

Auch hier kann es trotz der unkomplizierten Anbringung zu Problemen kommen, wenn der Fußbodenleger mangelhaft arbeitet. Der Bauherr stellt fest, dass die Sockelleisten, in diesem Fall aus Holz, nicht dicht bis an den Türrahmen geführt wurden. Der Fußbodenleger bietet an, die Fuge zwischen Sockelleiste und Türrahmen mit Holzkitt zu verschmieren, was der herbei geeilte Sachverständige gerade noch verhindern kann.

Einmal dabei, entdeckt er auch, dass der Bodenbelag nicht wie erforderlich bis unter den Türrahmen verlegt worden ist.

Die offenen Fugen sollten wohl auch hier mit Acryl zugeschmiert werden, frei nach dem Motto, dass hastig ausgeführte und daher Zeit sparende Arbeiten immer noch nachgebessert werden können. Vielleicht merkt es ja niemand.

Pech gehabt. Holzsockelleisten und Bodenbeläge im Anschlussbereich der Türrahmen mussten komplett ausgetauscht werden, was diesmal nicht den Bauherrn, sondern die Firma des Bodenlegers 650 € kostete.

Dort, wo bei den Bodenbelägen Material oder Optik wechseln, kann es zu Problemen bei den Übergängen kommen. Selbst bei denselben Material, zum Beispiel Parkett, sieht es unschön aus, wenn das Verlegemuster im angrenzenden Raum um 90° verdreht ist. Hier ist der wachsame Bauherr gefordert.

Sockelleisten müssen dicht an andere Bauteile wie Türrahmen anschließen, keine Fugen, bitte!

Unterschiedliche Materialien lassen sich – auch optisch – an den Nahtstellen durch Abdeckleisten abgrenzen. Diese Schienen, meist aus Messing, Aluminium oder Edelstahl, überdecken auch die erforderlichen Dehnungsfugen am Belagübergang und kaschieren die geringfügigen Höhenunterschiede von zwei bis drei Millimetern bei unterschiedlichen Materialien. Auf diese Stolperstellen sollte schon bei der Planung der Fußböden geachtet werden. Das ist besonders wichtig bei benachbarten Räumen oder den Übergängen zwischen Kunststoffböden und Fliesen oder Natursteinböden, wo die Unterschiede bis zu zehn Millimetern betragen können. Für den Bauherrn nicht hinzunehmen.

■ Den Bodenbelag oder das Parkettmuster der Optik wegen immer unter der Tür wechseln. Unter der Tür hervor ragender Bodenbelag aus einem anderen Raum sieht hässlich aus.

Die Lektion aus der Kostenfalle Sockelleisten und Bodenbelagsübergänge:

■ Sockelleisten müssen dicht an andere Bauteile wie Türrahmen stoßen. Danach ist der Übergang oben zwischen Sockelleiste und Wand mit einer Acrylfuge zu schließen.

■ Bei Innenecken oder Außenecken an Wandvorsprüngen sind so genannte Gehrungsschnitte unter 45° notwendig. Das heißt: Die Sockelleisten werden jeweils im Winkel von 45° so schräg abgeschnitten und in der Ecke zusammengefügt, dass eine fugenlose 90°-Ecke entsteht.

■ Auch Installationsleitungen, zum Beispiel Heizrohre, lassen sich mit Installationssockelleisten abdecken, wenn sie an Wandsockeln entlang geführt werden sollen.

■ Bei der Verwendung von unterschiedlich dicken Bodenbelägen lassen sich Höhenunterschiede bereits durch verschieden starke Trittschall- oder Wärmedämmschichten, aber auch durch unterschiedliche Estrichschichten ausgleichen.

Anstriche auf Fassadenputz

Schön soll es aussehen, sein Eigenheim, findet der Bauherr und sucht lange nach der passenden Fassadenfarbe. Doch nur ums Aussehen geht es nicht. Der Anstrich muss fest am Putz haften und soll wetterbeständig, aber nicht sperrend sein, sondern dampfdurchlässig, damit die in den Wohnräumen entstehende Feuchtigkeit (durch Atmung, Kochen oder Zimmerpflanzen) nach außen entweichen kann. Die Malerfirma muss also, bevor sie ihre Arbeit aufnimmt, nicht nur den Untergrund (Putz) sorgfältig auf seine Restfeuchte prüfen, sondern auch die Putzoberfläche auf Saugfähigkeit und lose Bestandteile – Staub oder Sand, der nach dem Reiben des Putzes entstanden ist.

Der Maler beginnt mit der Grundierung, einem farblosen Bindemittel, das wie ein Kleber wirkt. Es bindet lose Bestandteile wie Körnchen und Staub auf der Putzoberfläche und festigt sie für den nachfolgenden Anstrich.

Der haftet nicht ohne gleichmäßigen und gefestigten Untergrund. Auf die Grundierung werden die Fassadenfarben in drei Arbeitsschritten aufgetragen – Grund-, Zwischen- und Schlussbeschichtung, wobei sich manche Malerfirmen gern die Zwischenbeschichtung und damit verbundene Material- und Lohnkosten sparen. Verwendet werden Silikat- und Kalkfarben oder hoch dampfdurchlässige Kunstharzdispersionen aus Kunstharz, Wasser und synthetischen Pigmenten.

Der Bauherr freut sich, denn sein Eigenheim ist fast fertig. Nur an der Fassade fehlt noch der Anstrich. Nachdem der Außenputz – zweilagig mit einem Unterputz aus Kalkzement- und einem Oberputz aus Kalkmörtel glatt verrieben – auf-gebracht ist, bestellt der Bauherr bei der Malerfirma einen gelben Kalkfarbenanstrich. Kaum ist das Gerüst gefallen, wird auf der Fassade ein merkwürdiges Wolkengebilde sichtbar, das der Bauerherr nicht bestellt hat. Der hellgelbe Ton ist mal heller, mal dunkler. Auch der Maler ergeht sich in wolkigen Formulierungen – die Farbe sei noch nicht ganz trocken, das würde sich geben. Es gibt sich aber nach drei Wochen noch nicht, obwohl die Farbe inzwischen getrocknet ist. Und die Wolken bleiben. Da ruft der Bauherr einen Sachverständigen.

Der befragt bei einem Ortstermin alle Beteiligten und sieht dann klar: Der Maler hat die Fassade bereits vier Tage nach Fertigstellung des Außenputzes gestrichen. Der war noch nicht vollständig abgebunden (getrocknet) und hat auf die Farbe alkalisch reagiert.

Wenn Putz aus Kalk, Zement und Wasser angerührt wird, entsteht eine chemische Reaktion, die nach dem Auftragen noch nicht abgeschlossen ist. Dieser Vorgang kann je nach Putzdicke, Witterung und Außentemperatur bis zu drei Wochen dauern. Vorher reagiert frischer Mörtel allergisch auf Fassadenfarben. Man spricht von einer alkalischen Reaktion – Wolken und Flecken sind die Folge. Das weiß nun auch der Bauherr.

Der Maler hätte den Außenputz vor dem Anstrich auf Feuchtigkeit prüfen müssen. Das hat er nicht getan, ist somit für den Mangel verantwortlich und darf sein Gerüst wieder aufbauen. Die Fassade muss komplett überarbeitet werden, ein Zeit raubendes und teures Vergnügen für die Malerfirma, die ihre Handwerker für die Zweitarbeit bezahlen muss, summa summarum mit 3.300 €.

**Die Lektion aus der Kostenfalle
Anstriche auf Außenputz:**

■ Der Putz muss von der Malerfirma auf Rest-feuchtigkeit und Untergrundbeschaffenheit ge-prüft werden, bevor die Malerarbeiten mit der Grundierung beginnen.

■ Putz trocknet je nach Temperatur, Luftfeuchte, Wind und Putzmaterial unterschiedlich lang, mindestens aber eine Woche je Zentimeter Putz-schicht. Erst dann kann der Anstrich schadenfrei aufgebracht werden.

■ Kein Anstrich bei Temperaturen unter +5° Celsius.

■ Fassadenfarben werden inzwischen durch chemische Zusätze auch fungizid eingestellt.

Damit kann Algen- oder Moosbildung zwar nicht völlig verhindert, aber verzögert werden. Algen und Moos bilden sich bei verschatteten (Nordseite) oder stark der Witterung ausgesetz-ten Fassaden (West-, Nordwestseite) und in un-mittelbarer Nähe von Bäumen.

■ Grundsätzlich sollte beim selben Farbmaterial und selben Hersteller geblieben werden, um die Verträglichkeit der Farbschichten zu gewährlei-sten – also nicht Silikatfarbe für die Grundbe-schichtung von einem Hersteller verwenden und den Rest als Kalkfarbe oder Kunstharzdispersi-on von einem anderen. Wichtig ist das vor allem deshalb, weil Farbenhersteller Gewährleistungs-ansprüche nämlich oft mit der Begründung ab-lehnen, es wären Farben von verschiedenen Herstellern zum Einsatz gekommen, auch wenn die Schadensursache möglicherweise woanders liegt.

Leitungsverbindungen und -druckprobe

Im Heizungs- und Sanitärbereich wird immer mehr Kunststoff verwendet, auch für Warm- und Kaltwasserrohre. Meist handelt es sich um so genannte Mehrschichtverbundrohre aus Aluminium und Polyethylen. Dagegen ist nichts einwenden. Wenn Schäden auftreten, liegt es meistens an der nicht fachgerechten Verlegung durch den Installateur, nicht am Material.

Das bekommt auch der Bauherr zu spüren. An den Trockenbauständerwänden im Erdgeschoss tritt Schimmel auf. Das Gebäude ist nicht unterkellert und in Massivbauweise errichtet. Die Zuleitungen zu den Plattenheizkörpern verlaufen in der Dämmschicht zwischen Gipsestrich und der mit Bitumen abgedichteten Bodenplatte aus Stahlbeton.

Da die Schimmelbildung in den beiden Jahren nach Einzug stark zugenommen hat, lässt der Bauherr die schadhaften Gipskartonplatten untersuchen. Dafür müssen nicht nur die Trockenbauständerwände, sondern muss auch der Fuß-

bodenaufbau bis zur Bodenabdichtung geöffnet werden.

Der Sachverständige entdeckt Wasser auf der Bodenabdichtung. Es ist aus einer Warmwasser führenden Rohrleitung ausgetreten. Eine Fachfirma für Leckortung kann die Austrittstelle lokalisieren.

Der Abzweig aus Metall, an dem das Mehrschichtverbundrohr angeschlossen war, wird ausgebaut und zur Materialprüfung eingeschickt. Die ergibt, dass der Dichtungsring des Abzweigs beim Aufstecken des Rohrs beschädigt worden ist. Die Firma hatte versäumt, die Schnittstelle des Rohrs zu entgraten, also zu glätten. Diese Schnittkanten – Grate – entstehen zwangsläufig beim Zuschneiden der Rohre.

Deshalb trat über mehrere Monate stetig Wasser aus der undichten Verbindung aus. Es sammelte sich auf der Bitumenabdichtung der Bodenplatte und erreichte schließlich den Gipsestrich und

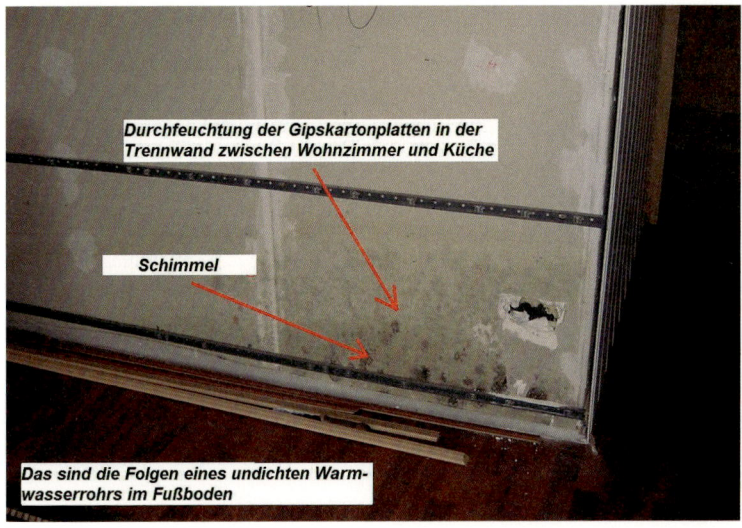

Durchfeuchtung der Gipskartonplatten in der Trennwand zwischen Wohnzimmer und Küche

Schimmel

Das sind die Folgen eines undichten Warmwasserrohrs im Fußboden

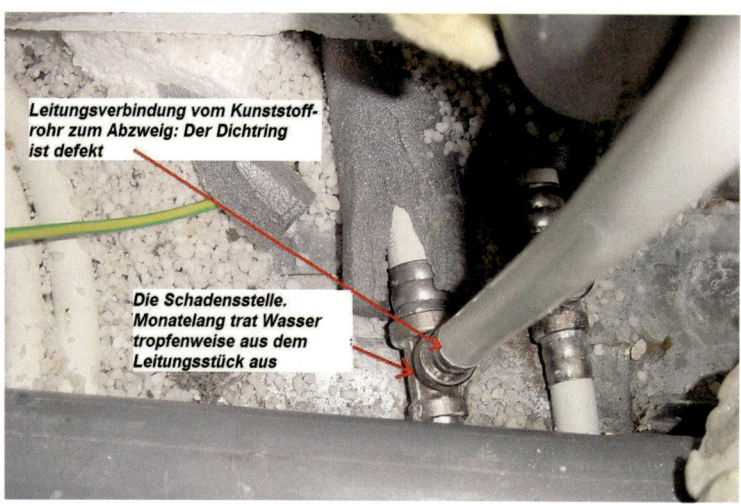

Leitungsverbindung vom Kunststoffrohr zum Abzweig: Der Dichtring ist defekt

Die Schadensstelle. Monatelang trat Wasser tropfenweise aus dem Leitungsstück aus

den Gipskarton der Trockenbauständerwände. Die Folge: Schimmel.

Die Sanitär- und Heizungsfirma lässt es auf einen Rechtsstreit ankommen, den sie vor Gericht verliert. Die Haftpflichtversicherung der Firma springt ein, der Schaden wird saniert. Bei der Auseinandersetzung stellt sich heraus, dass die Leitungen keiner Druckprobe unterzogen worden sind. Dann wäre der Fehler im Leitungssystem früher entdeckt worden. Jetzt muss mehr als die Hälfte der Fußbodenfläche, Belag, Estrich und Dämmung, abgebrochen und nach der Sanierung wieder eingebaut werden. Die Trockenbauständerwände werden mit neuen Gipskartonplatten verkleidet, gestrichen und tapeziert, Bodenbeläge aufgebracht und Wandfliesen erneut installiert. Während der achtwöchigen Sanierungsarbeiten war das Haus nicht bewohnbar. Der Pfusch hat satte 14.700 € gekostet. Der Bauherr ist noch einmal davongekommen.

beim Abschneiden entstehen, müssen vor der Verbindung mit anderen Installationsteilen geglättet werden, um Gummiabdichtungen nicht zu verletzen.

■ Unmittelbar nach der Rohinstallation sollte der Installateur bei allen sichtbaren oder nach Verlegung durch andere Bauteile verschlossenen und Wasser führenden Druckleitungen eine Druckprobe vornehmen. Die Prüfung wird in zwei Stufen durchgeführt und dokumentiert.

■ Der Prüfdruck muss in der Hauptprüfung 24 Stunden gehalten werden. Bei Druckabfall ist das Leitungssystem auf Leckstellen zu prüfen.

Die Lektion aus der Kostenfalle Leitungsverbindungen und -druckprobe:

■ Rohrleitungen aus Mehrschichtverbundrohren werden von der Rolle verarbeitet. Die Grate, die

Duschabtrennungen

Duschen mit Duschabtrennungen gehören zur normalen sanitären Ausstattung eines Eigenheims. Duschen werden seitlich durch eine Wand, bei Eckduschen von zwei Wänden begrenzt. Der vordere Bereich besteht aus Seitenwand und Einstiegsbereich, meist aus Kunststoff oder Glas, um den Raum vor Spritzwasser zu schützen. So simpel und selbstverständlich dachte es sich auch der Bauherr, als er beim Bauträger sein Eigenheim bestellte.

Kurz vor Fertigstellung des Eigenheims wird die sanitäre Ausstattung aus Badewanne, zwei Duschen, WC und Waschbecken installiert. Nach Abschluss der Arbeiten bietet der Bauträger seinem Auftraggeber das Haus zur Abnahme und Übergabe an. Der entdeckt in den Badezimmern zwar Badewanne und Handwaschbecken, bei den Duschen aber nur die Bodenwannen, Mischbatterien, Gestänge und Brausen. Die Duschabtrennungen fehlen, eine Benutzung der Duschen ohne Überschwemmung im Bad ist so nicht möglich.

Der Bauträger verweist auf die vertragsgemäße Ausführung: Duschabtrennungen seien nicht Gegenstand der Vereinbarung. Der Bauherr, der das erst für einen schlechten Scherz hält, schaut in seinen Vertrag und stellt fest, dass die Duschwannen zwar mit Größe und Farbe ausführlich beschrieben sind, ebenso die Armaturen – nur die Duschabtrennungen fehlen im Wortnebel.

Zu einer funktionsfähigen Dusche gehört nun mal eine Duschabtrennung, findet der Bauherr. Der Bauträger bietet dafür einen Kostennachtrag an. Die angebotene Lösung aus Glas ist dem Bauherrn zu teuer. Wäre doch gelacht, wenn der Bauträger nicht noch die Kurve bekäme. Er lässt „formschöne" Duschstangen mit kunstvoll bedruckten Duschvorhängen zu jeweils 19.90 € einsetzen, hat das Haus somit funktions- und abnahmefähig erstellt und nun Anspruch auf die Schlusszahlung.

Der Bauherr ist um die Erfahrung reicher, dass der Festpreis für ein fertiges Haus noch lange kein fertiges Haus bedeutet und dass man Leistungsbeschreibungen in Bauverträgen dreimal lesen sollte. Nach seinem Einzug lässt er den Ramsch in den Badezimmern wieder demontieren und Duschabtrennungen aus Kunststoffglas einbauen. Seinen Irrglauben bezahlt er mit 1.650 € inklusive Montageleistung.

Die Lektion aus der Kostenfalle Duschabtrennungen:

■ Duschabtrennungen im Vertrag vereinbaren. Dazu gehören auch Materialart, notwendige Höhe, Oberflächenbeschaffenheit der Gläser und Rahmenfarbe. Eine Bemusterung, bei der Hersteller und Typ festgelegt werden, ist ratsam.

■ Abtrennungen können in preiswerten Kunststoffgläsern oder teureren Einscheibensicherheitsgläsern ausgeführt werden. Dabei können Oberflächen von Kunststoff- oder Echtgläsern auf der Außenseite in Tropfenform oder anderen Mustern strukturiert sein. Hersteller bieten so genannte „Clean"-Effekte als innenseitige Beschichtung zur leichteren Reinigung der Glasoberflächen an.

■ Bei Duschen im Dachgeschoss muss vor allem die Raumhöhe beachtet werden. Duschwannen mit Unterbau sind meist 25 cm hoch. Bei einer Kopfhöhe von zwei Metern für die Brause ergeben sich so 2.25 m Mindesthöhe, die bei Dachschrägen nicht immer zu realisieren ist.

Feuchtigkeitsbrücken unter Duschwannen

Ein Jahr nach dem Einzug in sein schönes neues Eigenheim sieht der Bauherr am Sockelputz der Fassade den Anstrich abblättern, entdeckt einen weißgrauen Belag und an einigen Stellen auch hohllagigen Putz. Kein schöner Anblick.

Die Gewährleistung, die mit dem Bauträger für fünf Jahre vereinbart ist, kann problemlos in Anspruch genommen werden. Ein Anruf, und die Baukolonne rollt zur Schadensbeseitigung an. So dachte es sich der Bauherr, aber so war es nicht. Es kommt nicht zu einem, sondern zu fünf Anrufen und zwei Terminen, die nicht klappen. Dann endlich erscheint wenigstens der Bauleiter des Bauträgers. Der tut, was seine Aufgabe ist: Abwiegeln statt Schadensanerkennung. Trotz des deutlich sichtbaren Mangels wird der Bauherr um weitere drei Wochen vertröstet. Noch mal acht Wochen gehen ohne Reaktion auf die Schadensanzeige ins Land. Dann ist Ende der Fahnenstange. Der Bauherr engagiert einen Sachverständigen mit der Bitte um Ursachenermittlung und Hinweise zur Schadensbehebung.

Zum zweiten Ortstermin erscheint nun auch der aufgescheuchte Bauträger. Der Schaden wird besichtigt. An der Feuchtigkeitsabdichtung an Mauerwerk und Sockel liegt es offenbar nicht, wie der Sachverständige nach Öffnung des Sockelputzes erkennt. Merkwürdigerweise tritt der Schaden vor allem an einer Gebäudeecke auf. Dort ist innen das Badezimmer, und genau in der Gebäudeecke befindet sich die Dusche. Die Vermutung: Wasser- oder Abwasserleitung könnten undicht sein. Die Duschwanne wird ausgebaut. Doch die Leitungen sind dicht. Und die Duschwanne ist mit zementgebundenem Klebemörtel auf dem Boden fixiert worden, ein üblicher Vorgang.

Die Fehlerquelle liegt anderswo: Die Verbindung von Duschwanne und Wandfliesen ist mit Sanitärsilicon abgedichtet – und diese elastische Fuge ist gerissen. Das erste Problem: Duschwasser hat sich stetig, wenn auch nur in kleinen Mengen, über Wochen und Monate den Weg durch den Riss gebahnt und auf dem Boden un-

Durch eine fehlerhafte Abdichtung der Duschwanne im Badezimmer ist Feuchtigkeit nach außen in den Sockel der Fassade gedrungen

terhalb der Duschwanne gesammelt. Hier kam es mit dem Klebemörtel in Kontakt, der das Wasser nicht nur aufsaugte, sondern – zweites Problem – auch an die Hochlochziegel der Außenwand weiter gab, mit der er direkten Kontakt hatte. Die Endstation der Feuchtigkeit hieß Sockelputz.

Kleine Ursache, große Wirkung. Nach der Trocknung ist die Feuchtebrücke beseitigt. Die Duschwanne wird wieder eingesetzt, zwischen Duschwanne und Wandfliesen eine neue Silicon-fuge verlegt und außen erneut Sockelputz und Sockelanstrich angebracht. Große Wirkung auch bei den Kosten: Die Rechnung für die Instand-setzung beläuft sich auf 1.150 € – nicht für den Bauherrn. Silicon kann reißen, aber der Kle-bemörtel mit Kontakt zur Außenwand hat daraus erst ein gravierendes Problem gemacht.

Die Lektion aus der Kostenfalle Feuchtig-keitsbrücken unter Duschwannen:

■ Duschwannen senken sich durch Belastung leicht ab. Deshalb darf der Wannenträger aus Sty-ropor oder anderen Materialien nicht nachgiebig sein. Wenn sich die Duschwanne zu stark senkt, reißt zwischen Duschwanne und Wandfliesen die dauerelastische Sanitärfuge aus Silicon.

■ Zementgebundener Klebemörtel unterhalb von Duschwannen sollte keine Verbindung zu Putz und Mauerwerk aufweisen. Empfehlens-wert ist eine Feuchtigkeitsabdichtung (Bitumen-anstrich) an der Innenseite des Mauerwerks im Bereich der Duschwanne. Nur dann werden Feuchtigkeitsbrücken vermieden, falls doch ein-mal Duschwasser durch eine schadhafte Silicon-fuge dringt.

■ Dauerelastische Fugen aus Silicon im Sanitär-bereich, aber auch andere aus Acryl sind nicht unbegrenzt wartungsfrei, wie das Wort sugge-riert. Die Dauerelastizität ist je nach Beanspru-chung und Alterung begrenzt. Der Begriff War-tungsfuge passt besser.

■ Im Dusch- und Badewannenbereich sollte alle sechs Monate eine Sichtkontrolle durchgeführt werden.

Warmwasser-Fußbodenheizungen

Fußbodenheizungen sind in vielen Eigenheimen längst Standard, attraktiv wegen der angenehm von unten strahlenden Wärme und einer von Heizkörpern unabhängigen Raumgestaltung. Heute gibt es kaum noch Einschränkungen bei den Bodenbelägen, weil fast alle Hersteller für Fußbodenheizungen geeignete Fliesen-, Parkett-, Laminat- oder textile Böden anbieten.

Durch die großflächige Wärmeabstrahlung des gesamten Fußbodens werden im Vergleich zu normalen, wesentlich kleineren Heizkörpern re-lativ niedrige Betriebstemperaturen zwischen 30° und 40° Celsius benötigt. Das ermöglicht den Einsatz moderner Heiztechnologien wie Wärmepumpen, die dem Erdreich oder der Luft Wärme entziehen.

Die Rohrschlangen für Warmwasserfußboden-heizungen liegen in der Estrichschicht und be-stehen aus so genannten Mehrschichtverbund-rohren, zum Beispiel in der Kombination Alumi-nium und Polyethylen. Dieses Material ist sauer-stoffdicht und verhindert Korrosion.

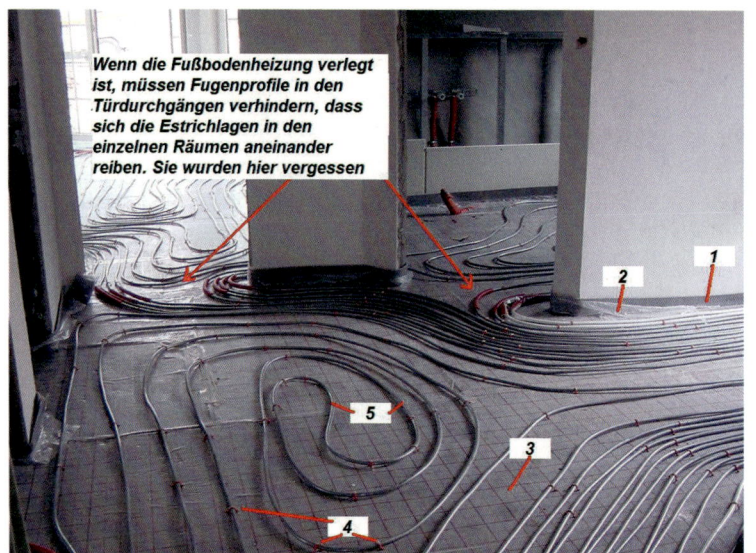

Wenn die Fußbodenheizung verlegt ist, müssen Fugenprofile in den Türdurchgängen verhindern, dass sich die Estrichlagen in den einzelnen Räumen aneinander reiben. Sie wurden hier vergessen

So baut sich eine Warmwasserfußbodenheizung auf: Randdämmstreifen aus Schaumpolystyrol (1). Die Abdeckfolie aus Polyethylen (2) muss vor dem Randdämmstreifen hochgeführt werden. Trittschalldämmung mit aluminiumkaschierter Oberfläche (3).Befestigungsclips für das Heizrohr (4). Rohrschlangen aus 16-mmMehrschichtverbundrohren (5)

Die Abstände zwischen den Rohrleitungen errechnet der Fachmann aus dem Raumwärmebedarf. Der Heizungsinstallateur verlegt als erstes die zum Heizsystem gehörige Trittschalldämmung mit aluminiumkaschierter Oberfläche auf den Untergrund. Diese Aluminiumfläche muss nach oben zeigen, weil sie die Wärmestrahlung der Heizrohre zum Raum hin reflektiert und die Reflektion von unerwünschten Wärmeverlusten nach unten, zur Bodenplatte oder Kellerdecke, verhindert.

Auf der Dämmung werden die Rohrschlangen mit Kunststoffclips und Klemmschienen fixiert. So sind sie lagestabil und können nicht verrutschen, wenn der Heizestrich aufgebracht wird. Vorher muss die fertig verlegte Fußbodenheizung vom Bauherrn abgenommen werden. Der versichert sich eines Fachmanns, denn bedeckt erst einmal der Estrich etwaige Fehler, wird eine Mängelbeseitigung kompliziert und teuer.

Siehe da. Es stellt sich heraus, dass der Heizungsinstallateur das Fugenprofil vergessen hat, mit dem die Estrichfelder der einzelnen Räume voneinander getrennt werden. Dieses Fugenprofil aus Kunststoff mit einem 10-mm-Dehnungstreifen aus Schaumpolystyrol trennt die Estrichfelder an den Türdurchgängen. Estrich muss sich ausdehnen können, wenn die Rohrschlangen erstmals aufgeheizt werden. Wird er dabei behindert, kann es zu unliebsamen Knackgeräuschen kommen, wenn sich Estrichplatten aneinander reiben.

Siehe da zum zweiten: Auch eine Druckprüfung der Fußheizkreise ist nicht durchgeführt worden. Dies sei noch nie von ihm verlangt worden und passieren könne nichts, so der Zitatenschatz des Installateurs. Es kann aber eine Menge passieren. Eine undichte Stelle in den Rohrverbindungen im fertigen Eigenheim, der Besitzer womöglich längst dort wohnhaft, hätte zur Folge, dass Estrich und Bodenfläche neu aufgenommen werden müssten – ein Sanierungsfall, der das Heim lange unbewohnbar machen würde.

Diesmal kommt der Installateur mit einem blauen Auge davon, da die Mängel rechtzeitig bemerkt worden sind. An den Türdurchgängen werden Fugenprofile eingebaut, danach folgt die Druckprüfung der Fußbodenheizkreise, wie es sich gehört. Die Komplettsanierung wäre den Beteiligten, vor Ablauf der Gewährleistung dem Installateur, danach dem Bauherrn, mit mehreren tausend Euro teuer zu stehen gekommen.

Die Lektion aus der Kostenfalle Fußbodenheizungen:

■ Die Dicke von Trittschalldämmungen auf Bodenplatten und Kellerdecken muss bei der erforderlichen Gesamtwärmedämmung des Fußbodens gegen die Kaltseiten der unbeheizten Bodenplatte oder Kellerdecke berücksichtigt werden. Diese Gesamtwärmedämmung errechnet der Architekt. Ein Beispiel: Beträgt die erforderliche Dämmdicke auf dem Fußboden 100 mm und wird die Dämmung des Heizungsbauers mit 20 mm Dicke verlegt, muss der Estrichleger eine Bodendämmung von 80 mm verlegen.

■ Da Heizungsinstallateur und Estrichleger eng zusammenarbeiten, wenn auch einer nach dem anderen, sollte rechtzeitig geklärt werden, wer welche Dämmung in welcher Dicke und Qualität verlegt und wer von beiden Randdämmstreifen und Abdeckfolie einbaut.

■ Fugenprofile an Türeingängen sind zwingend erforderlich. Der Estrich kann sich sonst nicht ausdehnen. Für die Profile ist der Heizungsinstallateur verantwortlich, da der Einbau zum Fußbodenheizungssystem gehört.

■ Vor dem Estrich sind die Fußbodenheizkreise vom Heizungsinstallateur einer Druckprüfung zu unterziehen. Das Ergebnis muss protokolliert werden.

■ Die Vorgaben der Druckprüfung sind den technischen Vorschriften des Herstellers zu entnehmen. Der Prüfdruck muss über 24 Stunden gehalten werden und darf um nicht mehr als 0.2 bar sinken. Eine Sichtkontrolle des Heizsystems ist trotz der Druckprüfung ratsam: Sie sollte vor allem Verbindungsteilen und Anschlüssen gelten.

Badheizkörper

Fußbodenheizungen im Bad sind angenehm und daher im Eigenheim längst Standard. Aber auch Badheizkörper werden immer beliebter. Sie liefern warme Handtücher und trocknen feuchte. Auch der Bauherr wollte auf diesen Service im Bad nicht verzichten und hat sich von der Baufirma einen Heizkörper im Bad installieren lassen.

Es kommt der Sommer, der Außentemperaturfühler registriert die höheren Wärmewerte und schaltet die Heizung im Eigenheim ab. Davon ist der Warmwasserspeicher nicht betroffen, wohl aber der Badheizkörper. Der Bauherr bittet die Baufirma um Abhilfe. Das ist nicht so einfach wie gedacht. Die Heizanlage, erfährt er, muss neu gestartet und alle Heizkörper bis auf den Badheizkörper abgeregelt werden.

Zuviel Aufwand, findet der Bauherr und meint, dass man ihm die komplizierte Regelung vorher hätte erläutern können. Eine zusätzliche Elektro-Heizpatrone am Badheizkörper wäre die bessere Lösung gewesen. Dann hätten die Handtücher auch im Sommer trocknen können, aber dafür fehlt nun der Elektroanschluss.

Der Installateur weist den Vorwurf mangelhafter Beratung zurück und greift zum Nachangebot: Elektro-Heizpatrone mit Zuleitung und Steckdose nahe dem Badheizkörper.

Das bedeutet: Ein Elektriker muss noch mal ran. Der Bauherr erschrickt: Wandfliesen aufreißen, Installation, Fliesen wieder anbringen. Fliesenleger und Elektriker kassieren 320 € für Patrone und Installationsarbeiten. Der Bauherr ist um eine Erfahrung reicher.

Die Lektion aus der Kostenfalle Badheizkörper:

■ Badheizkörper sind zu schwach, um Grundheizungen zu ersetzen. Sollen sie auch im Sommer einsatzbereit sein, um beispielsweise feuchte Handtücher zu trocknen, muss der Elektroanschluss schon bei der Hausplanung berücksichtigt werden.

■ Elektro-Heizpatronen mit einer Leistung von 300 W reichen aus, um auch im Sommer als Handtuchtrockner zu dienen.

Wohin sich Bauherren wenden können

INGENIEURKAMMERN

**Ingenieurkammer
Baden-Württemberg**
Zellerstr. 26, 70180 Stuttgart
Tel. 0711-64 97 10, Fax -649 71 55
www.ingkbw.de

Baukammer Berlin
Gutsmuthsstr. 24, 12163 Berlin
Tel. 030-79 74 43 00, Fax -79 74 43 29
www.baukammerberlin.de

Bayerische Ingenieurkammer-Bau
Nymphenburger Str. 5
80335 München
Tel. 089-419 43 40, Fax -41 94 34 20
www.bayika.de

**Brandenburgische
Ingenieurkammer**
Schlaatzweg 1, 14473 Potsdam
Tel. 0331-74 31 80, Fax -743 18 30
www.bbik.de

**Ingenieurkammer der
Freien Hansestadt Bremen**
Geeren 41/43, 28195 Bremen
Tel. 0421-17 00 90, Fax -30 26 92
www.ingenieurkammer-bremen.de

**Hamburgische
Ingenieurkammer-Bau**
Grindelhof 40, 20146 Hamburg
Tel. 040-41 34 54 60, Fax -41 34 54 61
www.hikb.de

Ingenieurkammer Hessen
Gustav-Stresemann-Ring 6
65189 Wiesbaden
Tel. 0611-97 45 70, Fax -974 57 29
www.ingkh.de

**Ingenieurkammer
Mecklenburg-Vorpommern**
Alexandrinenstr. 32, 19055 Schwerin
Tel. 0385-55 83 60, Fax -558 36 30
www.ingenieurkammer-mv.de

Ingenieurkammer Niedersachsen
Hohenzollernstr. 52, 30161 Hannover
Tel. 0511-39 78 90, Fax -397 89 34
www.ingenieurkammer.de

**Ingenieurkammer-Bau
Nordrhein-Westfalen**
Carlsplatz 21, 40213 Düsseldorf
Tel. 0211-13 06 70   Fax -13 06 71 50
www.ikbaunrw.de

Ingenieurkammer Rheinland-Pfalz
Schusterstr. 46-48, 55116 Mainz
Tel. 06131-95 98 60, Fax -959 86 33
www.ingenieurkammer-rlp.de

Ingenieurkammer des Saarlandes
Franz-Josef-Röder-Str. 9
66119 Saarbrücken
Tel. 0681-58 53 13, Fax -58 53 90
www.ingenieurkammer-saarland.de

Ingenieurkammer Sachsen
Kleine Brüdergasse 5, 01067 Dresden
Tel. 0351-438 33 60, Fax -438 33 80
www.ing-sn.de

Ingenieurkammer Sachsen-Anhalt
Hegelstr. 23
39104 Magdeburg
Tel. 0391-62 88 90, Fax -628 89 99
www.ing-net.de

**Architekten- und Ingenieurkammer
Schleswig-Holstein**
Düsternbrooker Weg 71, 24105 Kiel
Tel. 0431-57 06 50, Fax -570 65 25
www.aik-sh.de

Ingenieurkammer Thüringen
Flughafenstr. 4, 99092 Erfurt
Tel. 0361-22 87 30, Fax -228 73 50
www.ingenieure-thueringen.de

ARCHITEKTENKAMMERN

**Architektenkammer
Baden-Württemberg**
Danneckerstr. 54, 70182 Stuttgart
Tel. 0711-219 60, Fax -219 61 03
www.akbw.de

Bayerische Architektenkammer
Waisenhausstr. 4, 80637 München
Tel. 089-139 88 00, Fax -13 98 80 99
www.byak.de

Architektenkammer Berlin
Karl-Marx-Allee 78, 10243 Berlin
Tel. 030-293 30 70, Fax -29 33 07 16
www.ak-berlin.de

**Brandenburgische
Architektenkammer**
Kurfürstenstr. 52, 14467 Potsdam
Tel. 0331-27 59 10, Fax -29 40 11
www.ak-brandenburg.de

**Architektenkammer der Freien
Hansestadt Bremen**
Geeren 41/43, 28195 Bremen
Tel. 0421-17 00 07, Fax -30 26 92
www.architektenkammer-bremen.de

Hamburgische Architektenkammer
Grindelhof 40, 20146 Hamburg
Tel. 040-441 84 10, Fax -44 18 41 44
www.ak-hh.de

**Architekten- und Stadtplaner-
kammer Hessen**
Mainzer Str. 10, 65185 Wiesbaden
Tel. 0611-17 380, Fax -17 38 40
www.akh.de

**Architektenkammer
Mecklenburg-Vorpommern**
Alexandrinenstr. 32, 19055 Schwerin
Tel. 0385-59 07 90, Fax -590 79 30
www.architektenkammer-mv.de

Architektenkammer Niedersachsen
Friedrichswall 5, 30159 Hannover
Tel. 0511-28 09 60, Fax -280 96 19
www.aknds.de

Architektenkammer Nordrhein-Westfalen
Zollhof 1, 40221 Düsseldorf
Tel. 0211-496 70, Fax -49 67 99
www.aknw.de

Architektenkammer Rheinland-Pfalz
Hindenburgplatz 6, 55118 Mainz
Tel. 06131-996 00, Fax -61 49 26
www.akrp.de

Architektenkammer des Saarlandes
Neumarkt 11, 66117 Saarbrücken
Tel. 0681-95 44 10, -954 41 11
www.aksaarland.de

Architektenkammer Sachsen
Goetheallee 37, 01309 Dresden
Tel. 0351-31 74 60, Fax -317 46 44
www.aksachsen.org

Architektenkammer Sachsen-Anhalt
Fürstenwall 3, 39104 Magdeburg
Tel. 0391-53 61 10, Fax -561 92 96
www.ak-lsa.de

Architekten- u. Ingenieurkammer Schleswig-Holstein
Düsternbrooker Weg 71
24105 Kiel
Tel. 0431-57 06 50, Fax -570 65 25
www.aik-sh.de

Architektenkammer Thüringen
Bahnhofstr. 39, 99084 Erfurt
Tel. 0361-21 05 00, Fax -210 50 50
www.architekten-thueringen.de

TÜV, DEKRA, BAUHERRENVERBÄNDE

Bauherren-Schutzbund e.V.
Kleine Alexanderstr. 9/10
10178 Berlin
Tel. 030-312 80 01, Fax -31 50 72 11
www.bsb-ev.de
Der bsb ist eine Gemeinnützige Ver-braucherschutzorganisation mit 70 Beratungsbüros bundesweit

DEKRA Real Estate Expertise
Untertürkheimer Str. 25
66117 Saarbrücken
Tel. 0681-500 16 00, Fax -500 16 66
www.dekra.de

TÜV Rheinland Group e.V.
Am Grauen Stein, 51105 Köln
Tel. 0221-8060, Fax -80 61 14
www.de.tuv.com

TÜV NORD AG
Am TÜV 1, 30519 Hannover
Tel. 0511-9860, Fax -986 12 37
www.tuev-nord.de

TÜV SÜD AG
Westendstr. 199, 80686 München
Tel. 089-579 10, Fax -57 91 15 51
www.tuev-sued.de

Verband Privater Bauherren e.V.
Chausseestr. 8, 10115 Berlin
Tel. 030-27 89 01-0, Fax -27 89 01-11
www.vpb.de
Mit 61 Regionalbüros

VERBRAUCHERZENTRALEN
www.verbraucherzentrale.de

VZ Bundesverband e.V.
Markgrafenstr. 66, 10969 Berlin
Tel. 030-25 80 00, Fax -25 80 02 218
www.vzbv.de

Verbraucherzentrale Baden-Württemberg e.V.
Paulinenstr. 47, 70178 Stuttgart
Tel. 0711-66 91 10, Fax -66 91 50
www.vz-bawue.de

Verbraucherzentrale Bayern e.V.
Mozartstr. 9, 80336 München
Tel. 089-53 98 70, Fax -53 75 53
www.verbraucherzentrale-bayern.de

Verbraucherzentrale Berlin e.V.
Bayreuther Str. 40, 10787 Berlin
Tel. 030-21 48 50, Fax -211 72 01
www.verbraucherzentrale-berlin.de

Verbraucherzentrale Brandenburg e.V.
Templiner Str. 21, 14473 Potsdam
Tel. 0331-29 87 10, Fax -298 71 77
www.vzb.de

Verbraucherzentrale Bremen e.V.
Altenweg 4, 28195 Bremen
Tel. 0421-16 07 77, Fax -160 77 80
www.verbraucherzentrale-bremen.de

Verbraucherzentrale Hamburg e.V.
Kirchenallee 22, 20099 Hamburg
Tel. 040-24 83 20, Fax -24 83 22 90
www.vzhh.de

Verbraucherzentrale Hessen e.V.
Große Friedberger Str. 13-17
60313 Frankfurt am Main
Tel. 069-97 20 10, Fax -97 20 10 50
www.verbraucher.de

Neue Verbraucherzentrale in Mecklenburg-Vorpommern e.V.
Strandstr. 98, 18055 Rostock
Tel. 0381-208 70 50, Fax -208 70 30
www.nvzmv.de

Verbraucherzentrale Niedersachsen e.V.
Herrenstr. 14, 30159 Hannover
Tel. 0511-91 19 60, Fax -911 96 10
www.verbraucherzentrale-niedersachsen.de

Verbraucherzentrale Nordrhein-Westfalen e.V.
Mintropstr. 27, 40215 Düsseldorf
Tel. 0211-38 090, Fax -380 91 72
www.verbraucherzentrale-nrw.de

Verbraucherzentrale Rheinland-Pfalz e.V.
Ludwigsstr. 6, 55116 Mainz
Tel.06131-28 480, Fax -28 48 66
www.verbraucherzentrale-rlp.de

Verbraucherzentrale des Saarlandes e.V.
Trierer Str. 22, 66111 Saarbrücken
Tel. 0681-50 08 90, Fax -588 09 22
www.vz-saar.de

Verbraucherzentrale Sachsen e.V.
Brühl 34-38, 04109 Leipzig
Tel. 0341-688 80 80, Fax -689 28 26
www.verbraucherzentrale-sachsen.de

Verbraucherzentrale Sachsen-Anhalt e.V.
Steinbockgasse 1, 06108 Halle/Saale
Tel. 0345-298 03 29, Fax -298 03 26
www.vzsa.de

Verbraucherzentrale Schleswig-Holstein e.V.
Bergstr. 24, 24103 Kiel
Tel.0431-59 09 90, Fax -590 99 77
www.verbraucherzentrale-sh.de

Verbraucher-Zentrale Thüringen e.V.
Eugen-Richter-Str. 45, 99085 Erfurt
Tel. 0361-55 51 40, Fax -555 14 40
www.vzth.de